电子科创实训基础教程

马学条　主编

陈龙　王永慧　郑雪峰　副主编

中国纺织出版社有限公司

图书在版编目(CIP)数据

电子科创实训基础教程 / 马学条主编. -- 北京:
中国纺织出版社有限公司, 2020.11(2025.5重印)

ISBN 978-7-5180-8030-4

Ⅰ.①电… Ⅱ.①马… Ⅲ.①电子技术—高等学校—
教材②电子计算机—高等学校—教材 Ⅳ.①TN②TP3

中国版本图书馆CIP数据核字(2020)第201229号

责任编辑:郭 婷 责任校对:高 涵 责任印制:储志伟

中国纺织出版社有限公司出版发行
地址:北京市朝阳区百子湾东里 A407 号楼 邮政编码: 100124
销售电话: 010—67004422 传真: 010—87155801
http://www.c-textilep.com
中国纺织出版社天猫旗舰店
官方微博 http://www.weibo.com/2119887771
河北晔盛亚印刷有限公司印刷 各地新华书店经销
2020年11月第1版 2025年5月第3次印刷
开本:787×1092 1/16 印张:11.5
字数:270 千字 定价:98.00 元

前　言

　　高等学校开展创新教育是当前国家经济转型和产业升级对高等教育提出的迫切要求和需要，须将创新教育理念融入人才培养的全过程，遵循"实践、认识、再实践"规律，在传授理论知识的同时，提供实践机会。团队教师在多年的一线实践教学中意识到如何有效激发学生的学习兴趣，培养实践动手能力强、具有工程创新精神的专业人才是实践教学首要解决的问题。以提高学生的电子科技创新能力为培养目标，依托杭州电子科技大学电工电子国家级实验教学示范中心、大学生科技创新孵化器、科技创新实践基地等，团队教师进行了卓有成效的教学改革和建设。本教材结合作者多年的教学与科研经验，并参考诸多相关教材编写而成。

　　教程内容由浅入深，涵盖了电子科技创新实训基础知识，51 单片机、PIC 单片机、ARM 微处理器的编译环境介绍，Python、QuartusII、Vivado 开发流程介绍，综合性应用系统设计等内容。通过分层次的实践教学，引导学生通过教程实例的设计思路和设计方法进行启发性科创作品设计。本教程从应用角度出发，将内容分为 4 部分，共 8 章。

　　第一部分由第 1 章构成，是进行电子科技创新实训的知识和技能准备，主要介绍了电子设计的基本方法、数字逻辑基础、常用电子电路元器件介绍、单片机基本原理等基础知识，让学生掌握自主实践的基本技能，了解常用电子电路元器件的原理和使用方法。

　　第二部分由第 2 章 ~ 第 4 章构成，主要介绍了 51 单片机、PIC 单片机、ARM 微处理器的基本概念和开发编译环境，让学生掌握各类单片机的使用方法。

　　第三部分由第 5 章 ~ 第 7 章构成，主要介绍了 Python、QuartusII 和 Vivado 开发流程，让学生掌握使用树莓派和 FPGA 进行复杂数字系统开发和设计的流程和方法。

　　第四部分由第 8 章构成，为综合性应用系统的设计和开发，是本书的一个核心内容；课程组教师以实践项目为载体，以任务和要求为驱动，将科技创新能力培养注入各个实践环节。学生在完成基础知识、设计工具的学习和入门后，必须迅速地转向综合性应用系统设计的基本方法和基本理念，在学习与实践中培养对应用系统设计的自主创新能力。本章通过介绍多个综合性应用系统的设计思路和设计方法，给出一些对应的实验要求，让读者自己去探寻掌握应用系统设计技术及其创新的途径。本章注重创新思维、工程能力、实践能力的培养，构建了一个从介绍基础知识向科技创新能力培养和实践的阶梯。通过学习大量有创意的实践项目，能动地激发创新意识，提升学生实验设计的能力和层次；从而使学生在基础知识、实践能力和创新精神三方面得到同步收获。

本教程的第 1 章、第 3 章、第 5 章和第 8 章由马学条编写，第 2 章和第 7 章由王永慧编写，第 6 章由陈龙编写，第 4 章由郑雪峰编写。杭州电子科技大学"小平科技创新团队"的王超、尹天浩、陈静同学参与了部分资料整理，在此一并表示感谢。在本书的编写过程中，还引用了许多学者的观点和成果，由于难以查明文献来源而未标注，在此一并致以敬意。

限于编者水平，书中难免有欠妥、疏漏和错误之处，恳请读者指正。

编者

杭州电子科技大学

2020 年 7 月

目　录

第1章 电子科技创新基础知识

1.1 电子科技创新设计简介

1.1.1 电子科技创新途径

电子科技创新实践教学在教学工作中占有非常重要的地位，可以加强学生对理论知识的理解和掌握，培养学生的工程设计能力和实际动手能力。通过科技创新实践锻炼，可以提高学生运用专业知识分析实际问题、提出解决方案的能力，培养学生自主研学和科技创新能力。

大学生电子科技创新主要有以下 4 种途径：

（1）不同功能电路的组合：如普通电子温度计与语音电路组合构成语音交互的温度监测系统。

（2）现有技术解决实际问题：如有学生观察到刮风下雨天没关窗时室内被淋湿的问题，提出一种用风力和湿度传感器检测风雨大小来实现自动关窗的装置。

（3）理论应用于实际：如手势识别技术应用于车载人机交互系统。

（4）产品功能完善和改进：如对普通数控电压源系统进行短路保护、过热保护等功能模块完善设计。

电子科技创新实践过程是大学阶段的重要经历，结果和体会大致可分为以下 4 种：

（1）运气好的，每一步都很顺利完成，整个过程很享受。

（2）遇到问题很多，想了许多办法，最后完成设计。整个过程很辛苦，也体会到喜悦，收获了知识和解决问题的方法。

（3）遇到问题很多，想了许多办法，最后未完成设计。但是知道问题出在哪里，也找到了解决方法，因为时间不够或器件不全等原因没有做出来，做得很辛苦，收获了知识和解决问题的方法。

（4）没有做出来，也不知道问题出在哪里，也不去想办法，感受苦闷，沮丧，甚至对专业失去兴趣和信心。

1.1.2 电子科技创新设计过程

电子科技创新设计必须根据应用的具体要求，考虑应用对象、技术指标、应用环境及对功耗、成本、体积、可靠性的要求等，进行综合的考虑。设计通常基于单片机进行应用系统设计，包括硬件设计和软件设计。

应用系统设计通常采用软件和硬件分开设计的方法。其设计指导思想是在总体设计的过程中，根据任务的需求，提出系统的基本功能的技术要求，根据技术分析和经验，把功能的实现分配到硬件和软件两部分中，在此基础上分别进行硬件设计和软件设计。在设计过程中有可能发现有改进的地方，可以再对硬件和软件功能的分配进行调整。在硬件设计和软件设计分别实现后，进行整个系统的集成调试，如果出现问题，可以根据需要返回修改，直到系统功能在单片机完全实现为止。

在软件和硬件开发设计中，可以采用先设计硬件、后设计软件的方式，这是单片机应用系统开发过程中常用的方式。根据在总体方案设计中硬件、软件功能的划分，首先完成硬件设计。硬件设计的完成，为软件的设计制定出约束条件和有关规定。这种方式中，硬件系统是整个设计的重心，软件用来进行系统的支持，对硬件功能进行完善和补充。

在单片机应用发展的历程中，由于有相当多的各个不同技术专业人士的参与，他们用本专业的知识推动了单片机应用的推广，因此"先硬件、后软件"的设计成为应用系统开发中非常实用的方式。这种方式也有其局限性，如果设计中发现问题，需要返回修改或重新设计。特别是硬件和软件功能的分配和开发者的经验水平有一定关系。因此，比较适用于系统规模小的应用系统开发。由于应用系统开发中，软件设计对硬件电路的依赖性很强，"先软件、后硬件"的方式在单片机应用系统的开发中很少使用。

"先硬件、后软件"的应用系统设计过程主要包括总体方案设计、硬件系统设计、软件系统设计、系统仿真调试和系统运行维护，设计流程如图1—1所示。设计过程列出的这 5 个部分不是孤立的，而是相互关联、相互依靠、互相制约的。

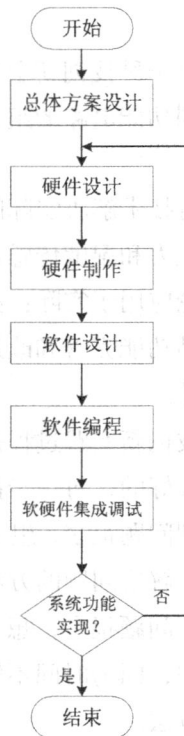

图1—1　应用系统设计过程的流程图

1.1.3 应用系统总体方案设计

总体方案设计在应用系统的开发中占据非常重要的地位，总体方案的是否合理将影响后续工作的开展。因此，要尽可能把应用系统总体方案设计工作规划好。

熟悉和了解控制对象，确定合理、可行的技术指标。单片机作为控制核心，它所控制的对象是各种各样的，有些控制对象是一个生产过程，有些控制对象是一个具体设备，有些控制对象是数据采集系统，有些控制对象是安全报警系统等，针对不同的控制对象所实现的控制要求也不尽相同。作为设计者需要对被控对象的工作过程进行深入的分析，充分了解应用系统的控制要求，如信号的种类和数量、时钟信号的频率、系统运行的环境等。在调研的过程中，不仅了解应用的要求，而且要尽可能多地了解同类产品在国内外的研究现状，加以分析对比，对要设计的系统有一个合理的定位。在充分调研分析的基础上，还要综合考虑应用系统的可靠性、可维护性、功耗、成本、社会效益等因素，提出一个合理、可行的开发方案。

单片机是应用系统的核心，进行总体方案设计时，首先要进行单片机的选型。近年来单片机的发展非常快，体现在以下几个方面。

1.1.3.1 运行速度提高

单片机技术的发展不仅是主频提高，而且一条指令的执行周期也发展到单机器周期，使得数据处理的能力得到极大的提升。

1.1.3.2 存储技术发展

特别是单片机片内程序存储器，包括 MROM、EPROM、EEPROM 和 Flash Memory 多种形式，ROM 和 RAM 的存储容量越来越大，使得程序可以完全固化在单片机芯片中。

1.1.3.3 接口的多样化

很多 I/O 的功能已被大量集成在单片机芯片里，包括模拟量输入、开关量输入、模拟量输出、开关量输出、继电器控制信号输出、液晶显示器输出接口等。单片机也集成了各种标准数字通信接口，如 CAN 总线、USB 总线等接口，还包括 RS-232C、RS-422、RS-485 等总线接口。

1.1.3.4 单片机产品的系列化

生产厂家现在推出的单片机产品已经不再像初期时型号单一，而是产品的系列化。在单片机核心功能不变的基础上，集成不同形式、不同容量的存储器，集成不同形式、不同数量、不同精度要求的 I/O 接口，以及面向不同应用场景的产品。

基于这些原因，再加上成本价格、产品来源、开发手段、开发经验等，设计者可以在众多的单片机产品中选择一款适合该项目、能迅速开发出性价比较高的应用系统的单片机。

进行软件、硬件功能的划分，是总体方案设计中的重要工作。划分得是否合理，将直接影响后续的设计和开发进程。在系统功能指标确定以后，确定它的具体实现方法，哪些功能由硬件模块实现，哪些功能由软件程序完成。硬件模块包括微处理器、存储器、ASIC、DSP、FPGA、I/O 接口部件，以及传感器、电源设备、机箱等。软件模块包括操作系统、监控程序、设备驱动程序、应用程序等。还有两者之间联系的载体，如总线、固化器件、数据通道等。这个划分的过程是一个复杂的过程，可能会反复修改，不断地完善和迭代。而且，随着硬件模块的可编程性和软件固化技术的发展，软件、硬件的界限已经不十分严格，具有一定的互换性。例如，系统的定时，可以由片内外的硬件定时器来实现，也可以通过软件程序、中断服务来实现。再如，系统数据处理可以用硬件运算电路来实现，也可以通过编写运算程序来实现。在系统中，硬件负担任务多，可以提高运行速度，减少程序设计工作量，加快开发周期，但是也会增加系统的成本和复杂程度。反之，软件代替硬件的某些功能，可以降低成本，简化硬件结构，增加程序设计的难度和工作量。在设计过程中，必须根据具体情况，结合系统造价开发用时等进行综合考虑，尽可能合理地划分出硬件和软件两部分的功能要求。

1.1.4 应用系统硬件设计

应用系统硬件设计包括功能定义、原理图设计、印制电路板设计、制版和组装、硬件调试等部分。

为实现应用系统中硬件部分的功能，要确定系统的 CPU、存储器、I/O 接口及相关的传感器、继电器、显示器、键盘等外围部件和电路。然后设计出系统的电路原理图，一般情况下，需要应用系统的硬件设计人员根据电路原理图画出印制电路板图，交给制版厂制作印制电路板。制版完成后，进行元器件的焊接和组装，并进行硬件电路的测试。

1.1.4.1 存储器选择

存储器是存放程序、数据的重要器件。存储器的选择是很重要的。选择存储器首先要确定存储空间的容量。存储器容量的大小，要根据系统的要求，结合软件程序的大小，数学算法的需求、数据量的多少及器件的性能和价格综合考虑。程序存储器主要保存单片机要运行的程序、系统中一些固定不变的参数、表格、汉字库等，采用只读存储器；数据存储器存放运行过程中采集的数据、运算的初始数据、直接运算结果和运算的最终结果等，采用的随机读写存储器。它们容量的大小都和软件程序密切相关，在选择存储器时要有适当的余量。单片机的应用中，程序存储器一般放在单片机芯片内，目前采用可改写的闪速存储器的居多，使用起来很方便。当然，大存储容量的单片机价格会高一些，设计选型时要进行权衡比较，选择一个合理的方案。

1.1.4.2 系统输入输出通道的设计

I/O 通道处理的信号有数字量、开关量和模拟量三种。数字信号一般是通过通信接口实现传送的。上位机和下位机之间、单片机系统之间的数据通信要采用标准的接口，如 RS-232C、RS-422、RS-485 等。在电路中，要根据这些接口的硬件标准进行信号的转换和处理，如增加电平转换电路等，已经有专门的器件，如 MAX232、MAX485 等。开关量处理的是接通和关断的状态信号，输入开关量包括行程开关、极限开关、测量开关等现场的输入节点，也包括某些继电器、保护开关、报警开关等设备的接点。输出开关量包括输出继电器控制信号、报警设备（声、光、电报警）的控制信号等。这些信号的处理往往需要接口器件，为提高可靠性，有时需要进行光电隔离。设计中，准确地确定开关量的点数，以便为系统硬件合理地分配资源。模拟量输入的测量对象通常是连续变化的温度、压力、流量、液位、浓度等，这些信号必须首先经过传感器、变送器，将它们转换成电信号，再经过电平转换、放大器的处理，转换成标准的输入信号。这些信号是连续变化的电信号，只有经过 A/D（模拟量 / 数字量）变换才可以作为单片机的数字输入信号。A/D 转换电路有些是集成在单片机芯片内的，有些单片机片内没有 A/D 转换器，要在片外扩展 A/D 转换接口芯片。对于模拟量输入通道的设计要考虑输入的路数，还要根据数据处理精度的要求，针对测量对象和控制的要求，选择合适的 A/D 转换器。模拟量输出的是连续变化的可控、可调节的输出信号，如调节电动机的电压、电热器的电流等，单片机输出的数字信号必须经过 D/A（数字量 / 模拟量）转换，设计中也要选择输出的路数以及精确度等指标。

1.1.4.3 原理图和 PCB 板（印制电路板）的设计

原理图和 PCB 板的设计有需采用专门的工具软件，如 Protel 就是其中的一种。Protel 是基于 Windows 平台的 EDA（电子设计自动化）软件，它有着强大的自动设计能力、高速有效的编辑功能、设计过程的简便管理。它包括电路原理图设计、印制电路板 PCB 设计、自动布线器、可编程逻辑器件设计及电路图的模拟仿真等功能。它以数据库的方式进行管理，可以很方便地完成原理图、PCB 板图、电路模拟仿真的工作。在 PCB 板图设计完成后，交付生产厂家。

1.1.4.4 硬件电路组装和调试

在 PCB 板和元器件准备齐全时，进行硬件电路的焊接组装。利用电子仪器，如示波器、逻辑分析仪、信号发生器、频率计、万用表等，进行硬件调试，确保硬件部分功能正常。这样，在应用系统整机调试时，才可以减少硬件故障造成的问题，提高调试效率。

1.1.5 应用系统软件设计

应用系统软件设计的任务是根据总体方案提出的要求和具体的硬件电路，设计出实现应用系统功能要求的控制程序。

在进行软件设计的时候，首先应该根据实际情况选择软件的开发环境，好的开发环境的支持是完成软件系统设计的保障。同时，需要确定设计时使用的编程语言。单片机应用系统的开发可以采用汇编语言、C语言，也可以采用C语言和汇编语言混合编程等。汇编语言具有程序效率高、占用的存储器空间小、运行速度快等优点，C语言具有通用性强、可读性好、提供函数功能、适于复杂的数学运算等优点。在需要直接控制硬件的场合，使用汇编语言。

对于单片机应用的软件系统，建立一个好的数学模型是非常必要的。根据任务的要求，描述出各个输出变量和输入变量之间的数学关系。对于不同的控制对象和任务的要求，建立的数学模型会有所不同。特别是较复杂的控制系统，需要进行数据变换、数学运算，可以采用经验公式，也可以采用成熟的数学公式，保证系统快捷、正确地处理数据。应用系统的设计一般采用自顶向下的程序设计，在设计软件系统时，要采用模块化的程序设计方法。把整个软件系统划分为若干个功能相对独立的较小的程序模块，各个程序模块可以分别进行单独设计、编程和测试，最后再集成到一起，共同完成整个系统的任务。模块化的设计方法提高了效率，保证了程序的可靠性。

由于应用系统的软件和硬件之间密不可分的联系，在软件设计的开始，把软件要实现的功能和硬件的结合进行具体定义。系统的定义包括合理分配存储器空间，包括系统主程序、各个子程序、常数表格、数据缓存区、堆栈区、设定工作单元等；还要定义说明各个输入/输出口的端口地址、读取和输出的方式、信息代码的具体含义等；定义按键、显示器等人机对话的控制方式等。

在具体编写软件程序之前，要根据功能实现的过程，画出程序的主流程图，将各个模块、子程序的工作流程形象化地描述出来。在这个基础上，进行具体化，对各部分编写出详细的流程图，作为编写程序语句的依据。各个部分之间要进行软件接口的设计，包括出口、入口传递参数等，规定系统启动和关闭过程。

在绘制好流程图的基础上，就可以开始编写程序了。在编写程序的过程中，不仅要考虑实现系统要求的功能，还必须考虑软件的抗干扰措施，如进行数字滤波、软件容错设计、看门狗程序等。

1.1.6 应用系统仿真调试

在应用系统的硬件电路和软件程序的设计制作和编写完成以后，可以进行系统的仿真调试工作。

在整个系统的调试开始之前，应该首先将功能相对独立的模块进行调试。这些调试工作可以在前面所述的设计过程中完成。对于硬件电路，要排除硬件明显的故障，对各个模块的基本功能进行调试。各个软件模块编写完成后，首先要保证不出现语法错误，编译过程正确无误，通过软件模拟对软件模块的功能进行测试。这些工作完成后，再将它们组合在一起来调试，可以准确、快速地定位调试过程中出现的故障和问题，大大提高了效率。

系统的仿真调试要在集成开发环境中完成。仿真调试分为软件仿真和硬件仿真两种。

软件仿真中，集成开发环境中为软件形成虚拟的硬件平台，来验证软件程序的正确性。硬件仿真要借助于开发的目标系统，目标系统包括处理器、存储器、I/O 接口及外围设备，编写的程序代码应嵌入到指定的存储器中。也可以通过单片机仿真器、开发系统、ICE 设备等，对应用系统进行实时在线仿真。利用单步、跟踪、连续运行、设断点等调试方法，随时查看 CPU 的寄存器、存储器、I/O 接口的内容，在线显示输出结果，实时分析运行状态，可以非常方便和有效地进行应用系统的开发。在硬件仿真的过程中，示波器、逻辑分析仪、逻辑探测器等电子测量设备有时也是必须的。

应用系统整个系统的测试工作包括以下内容。

1.1.6.1 功能测评

根据总体设计方案提出的功能及技术指标，逐项进行测试，检查是否达到预期的要求。主要完成功能的测试、技术指标的测量、追踪程序的执行、分析程序执行的时间等。

1.1.6.2 系统的优化

在功能实现的基础上，通过测试，对硬件电路优化，如去除冗余器件、性能指标的提升、功耗的降低等。对软件程序进行优化，包括循环程序优化、缓存优化、程序存储空间优化等。

1.1.6.3 可靠性测试

程序连续运行，检验其抗干扰能力等。

1.1.7 应用系统运行与维护

应用系统在仿真调试环境中调试成功后，确定设计的硬件和软件基本正确，将程序代码固化到单片机的程序存储器中，进行应用系统的独立运行。

在系统运行过程中，随时观察系统是否达到要求。有时还需要对系统进行少量改进。经过这些步骤，如果应用系统运行正常，表明完成了应用系统的开发过程。

1.2 电子科技创新设计基础知识

1.2.1 计算机中的数与符号

在计算机中只能表示 0 和 1 两种数码，所以计算机中的任何信息都是采用 0 和 1 的组合序列来表示。一个数在机器（计算机）中的表示形式称为机器数。机器数在形式上为二进制数，但有别于日常生活中使用的二进制数。机器数的实际值叫真值。无符号的表示比较简单，和其真值的二进制形式比较相近，其最高位不再是符号位，而是数值位。有符号数采用原码、反码和补码来表示。

1.2.2 信号与编码

信号是数据的电磁编码或电子编码。和数据一样，信号也分为模拟信号和数字信号。模拟信号是指电信号的参量是连续取值的，其特点是幅度连续。常见的模拟信号有电话、传真机和电视信号等。数字信号是离散的，从一个值到另一个值的改变是瞬间时的，就像开启和关闭电源一样。数字信号的特点是幅度限制在有限个数值之内。常见的数字信号有电报符号、数字数据等。

编码是用预先规定的方法将文字、数字或其他对象编成数码，或将信息、数据转换成规定的电脉冲信号。编码在电子计算机、电视、遥控和通信等方面得到了广泛使用。编码是信息从一种形式或格式转换为另一种形式的过程。解码是编码的逆过程。

1.2.3 二进制算术运算

二进制算术运算就是二进制数的加、减、乘、除、乘方及开方等数学运算，区别于几何运算。

1.2.4 逻辑运算

逻辑运算又称布尔运算。在逻辑代数中，有与、或、非三种基本逻辑运算。表示逻辑运算的方法有多种，如语句描述、逻辑代数式、真值表、卡诺图等。

1.2.5 关系运算

用于比较运算。包括大于（>）、小于（<）、等于（==）、大于等于（>=）、小于等于（<=）和不等于（!=）六种。

1.2.6 ALU与CU

CPU 是 Central Processing Unit（中央微处理器）的缩写，可分为控制单元（Control Unit, CU）、算术逻辑单元（Arithmetic Logic Unit, ALU）、存储单元（Memory Unit, MU）三大部分。

Arithmetic Logic Unit（算术逻辑单元）在处理器 CPU 中用于计算。ALU 负责处理数据的运算工作，包括算术运算（如加、减、乘、除等）、逻辑运算（如 AND、OR、NOT 等）及关系运算（比较大小关系），并将运算的结果存储在记忆单元。控制单元（CU）是提供完成机器全部指令操作的微操作命令序列部件。

1.2.7 输入输出接口

计算机输入输出接口（I/O 接口）是 CPU 与外部设备之间交换信息的连接电路，它们通过总线与 CPU 相连。I/O 接口分为总线接口和通信接口两类。当需要外部设备或用户电路与 CPU 之间进行数据、信息交换以及控制操作时，应使用微型计算机总线把外部设备和用户电路连接起来，这时就需要使用微型计算机总线接口；当微型计算机系统与其他系统直接进行数字通信时使用通信接口。所谓总线接口是把微型计算机总线通过电路插座提供给用户的一种总线插座，供插入各种功能卡。插座的各个管脚与微型计算机总线的相应信号线相连，用户只要按照总线排列的顺序制作外部设备或用户电路的插线板，即可实现外部设备或用户电路与系统总线的连接，使外部设备或用户电路与微型计算机系统成为一体。常用的接口有：AT 总线接口、PCI 总线接口、IDE 总线接口等。通信接口是指微型计算机系统与其他系统直接进行数字通信的接口电路，通常分串行通信接口和并行通信接口两种，即串口和并口。

1.2.8 存储器

存储器（memory）是计算机系统中的记忆设备，用来存放程序和数据。计算机中的全部信息，包括输入的原始数据、计算机程序、中间运行结果和最终运行结果都保存在存储器中。它根据控制器指定的位置存入和取出信息。有了存储器，计算机才有记忆功能，才能保证正常工作。存储器按用途可分为主存储器（内存）和辅助存储器（外存），也有分为外部存储器和内部存储器的分类方法。

1.2.9 模拟数字转换

模拟数字转换是把模拟量转换为数字量的过程。计算机控制系统中，须经各种检测装置，以连续变化的电压或电流作为模拟量，随时提供被控制对象的有关参数（如速度、压力、温度等）。计算机的输入必须是数字量，故须用模数转换器达到控制目的。

1.2.10 总线驱动与抗干扰

总线驱动用于控制和配置特殊的总线，同时会控制和配置总线上的硬件，通过 client 驱动形式来加载、卸载总线上的设备驱动。抗干扰用来对抗通信或雷达运行的任何干扰的系统或技术。也可以定义为结合电路的特点使干扰减少到最少，或者指设备能够防止经过天线输入端、设备的外壳以及沿电源线作用于设备的电磁干扰。

1.3 常用电子电路元器件介绍

1.3.1 集成电路

数字系统中，会用到大量的数字集成电路，也会用到一些模拟集成电路。所谓的集成电路是指采用特定的工艺，将晶体管、电阻、电容等元件及连线集成在硅基片上而形成的具有一定功能的器件。简称 IC，俗称芯片。

1.3.1.1 模拟集成电路

常见的模拟集成电路有集成运算放大器、比较器、对数和指数放大器、模拟乘（除）法器、锁相环、电源管理芯片等。模拟集成电路主要构成的电路有放大器、滤波器、反馈电路、基准源电路、开关电容电路等。

1.3.1.2 数字集成电路及分类

数字集成电路发展多年，具有很多不同种类和功能的芯片。常见的数字集成电路有基本逻辑门、触发器、寄存器、译码器、驱动器、计数器、整形电路、可编程逻辑器件、微处理器、单片机、DSP 等。

如果根据数字集成电路中包含的门电路或元器件数量，可将数字集成电路分类如下。

（1）小规模集成（SSI）电路：小规模集成电路包含的门电路在 10 个以内或元器件数不超过 100 个。

（2）中规模集成（MSI）电路：中规模集成电路包含的门电路在 10~100 个之间，或元器件数在 100~1000 个之间。

（3）大规模集成（LSI）电路：大规模集成电路包含的门电路在 100 个以上，或元器件数在 1000~100000 个之间。

（4）超大规模集成（VISI）电路：超大规模集成电路包含的门电路在 10000 个以上，或元器件数在 100000 以上。

若按照半导体工艺分类，可将数字集成电路分为双极型集成电路，其代表有 TTL 及 ECL 等类型的集成电路、单极型集成电路，典型类型有 CMOS、PMOS、NMOS 等。

1.3.1.3 数字集成电路的系列

不论是 TTL 类型的集成电路还是 CMOS 类型的集成电路，都包含多个系列，详见下表。

TTL和CMOS系列集成电路简介

类型	系列	全称	中文释义
TTL	ALS	Advanced Low-Power Schottky Logic	先进低功耗肖特基逻辑器件
	AS	Advanced Schottky Logic	先进肖特基逻辑器件
	LS	Low-Power Schottky Logic	低功耗肖特基逻辑器件
	S	Schottky Logic	肖特基逻辑器件
CMOS	AC	Advanced CMOS Logic	先进 CMOS 逻辑器件
	ACT	Advanced CMOS Logic	与 TTL 电平兼容的先进 CMOS 逻辑器件
	AHC	Advanced High-Speed Logic	先进高速 CMOS 逻辑器件
	AHCT	Advanced High-Speed Logic	与 TTL 电平兼容的先进高速 CMOS 逻辑器件
	HC	High-Speed CMOS Logic	高速 CMOS 逻辑器件
	HCT	High-Speed CMOS Logic	与 TTL 电平兼容的高速 CMOS 逻辑器件

1.3.1.4 数字集成电路的命名规则

每种逻辑器件的命名规则有所不同，具体详见各公司的数据手册 (Data Sheet)。下面以 74LS161CJ 为例，分析命名的含义。其中，74 表示民用系列，若为 54 则表示军用；LS 表示制造工艺类为低功耗肖特基型；161 表示其逻辑功能为十六进制加法计数器；C 表示工作温度范围为 0~70℃；J 表示封装类型为双列直插式。

1.3.1.5 逻辑器件使用注意事项

CMOS 电路使用的时候要注意下面几个方面。

（1）COMS 电路是电压控制器件，它的输入阻抗很大，对干扰信号的捕捉能力很强，所以多余不用的输入引脚不要悬空。因为输入端的悬空会因静电感应或因外界干扰影响电器的正常工作，甚至造成电路击穿。应根据逻辑功能，通过接上拉电阻或者下拉电阻，输入一个稳定的低电平或者高电平信号。

（2）尽量不用手触碰 CMOS 芯片的引脚，人体的静电有可能使管子被静电击穿。

（3）输入端接低内阻的信号源时，要在输入端和信号源之间串联限流电阻，使输入的电流限制在 1mA 之内。

（4）当接长信号传输线时，在 COMS 电路端接匹配电阻。

（5）当输入端接大电容时，应该在输入端和电容间接保护电阻。

（6）CMOS 集成电路各输出端不允许短路，也不能直接和电源、地相接。

（7）CMOS 集成电路中的 Vdd 表示漏极电源电压，一般接电源正极，Vss 表示源级电源电压，一般接电源负极或接地，电源极性不能接反。

（8）更换或移动集成电路的时候，应切断电源否则电流的冲击可能会损坏器件。

（9）CMOS 集成电路应先接通电源，再接入输入信号，不允许在尚未接通电源时先接触输入信号。断开的时候应先断开输入信号，再切断电源。

TTL 集成电路使用的时候，要注意下面这些事项。

（1）TTL 的电源电压是 +5V，74 系列的电源电压范是 5V ± 5%，54 系列的电源电压范围是 5V ± 10%。电源电压不能超出范围，否则会烧毁器件。

（2）TTL 集成电路，输入端悬空相当于高电平，但在电路中，如果悬空不接，容易受到干扰，因此不用的输入端尽可能根据电路的逻辑接高电平或者接地，从而保证运行的稳定。

（3）普通 TTL 集成电路各输出端不能并联，OC 输出和三态输出除外。

（4）更换和移动集成电路时应先切断电源，否则电流的冲击可能会烧毁芯片。

1.3.2 开关

开关是用来接通或者断开电源的器件，数字系统中常用的开关有轻触开关、拨码开关、钮子开关、薄膜开关等，如图 1-2 所示。开关也分为单刀单掷、单刀双掷、双刀双掷、单刀多掷等多种类型。开关一般有闭合和断开两种状态，可以很方便地与其他元件组成电路，由开关的通断控制输出高电平或者低电平，表示数字信号"0"或者"1"。开关的主要参数有额定电压、额定电流、接触电阻、耐压及寿命等。额定电压和额定电流即开关在正常工作状态下允许施加的最大电压和电流。接触电阻即开关闭合后两端的电阻，大部分情况下可以忽略不计。耐压是开关断开时所能承受的最大电压，一般在100V以上。寿命是开关能够保证正常工作的最大按压次数，一般在5000~10000次以上。

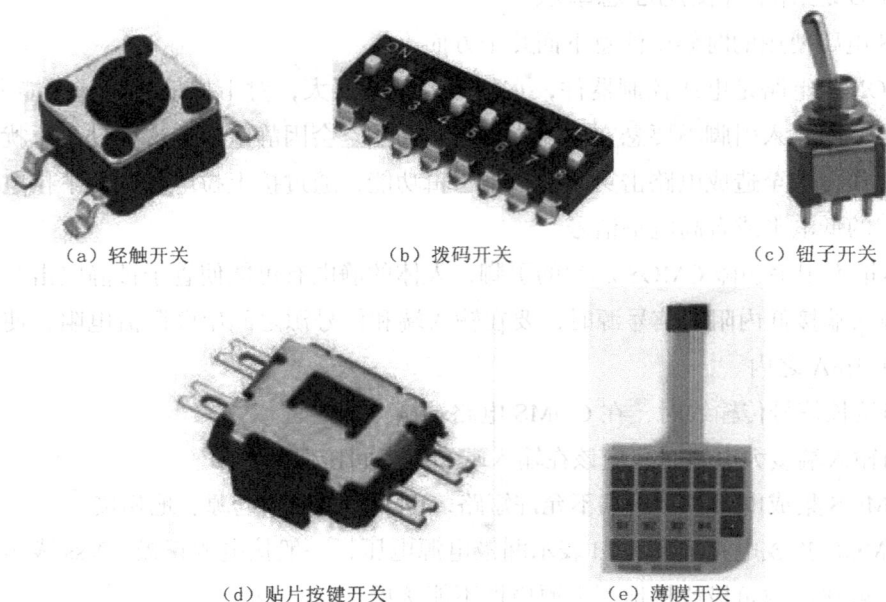

|(a) 轻触开关|　　　　|(b) 拨码开关|　　　　|(c) 钮子开关|

（d）贴片按键开关　　　　（e）薄膜开关

图1-2　各种开关

有时电路需要的输入信号比较多，常常将多个开关制成矩阵，减少与主控制芯片的连线数量，通过编写扫描程序控制使用，如图1-3所示。

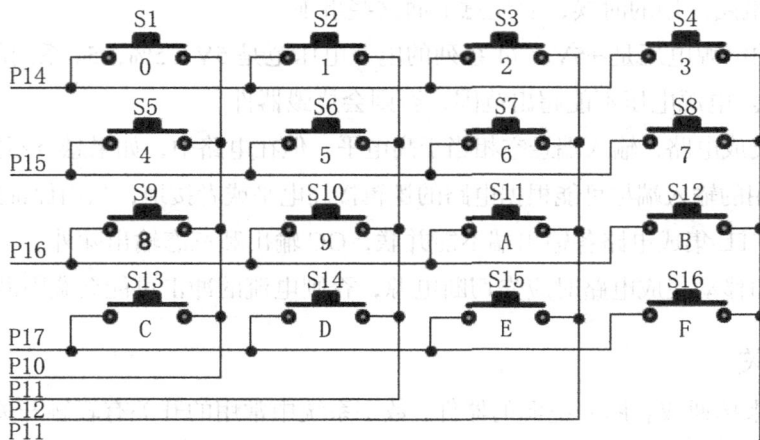

图1-3　矩阵键盘原理图

由于大多数开关为机械装置，核心部件是弹簧金属弹片，关断的时候会产生多次来回弹跳，俗称抖动。而数字电路对信号边沿非常敏感，因此有可能产生误操作，一般需要采用硬件或软件的方法去除抖动的影响。硬件消抖是利用电路滤波的原理实现的，软件消抖是通过按键延时来实现的。

1.3.3 显示元件

发光二极管是最常见的显示元件，是二极管的一种，简称 LED (LightEmitting Diode)，在正常电流的作用下能够发光，把电能转换成光能。它与普通二极管类似，具有单向导电性，如图 1-4 所示。LED 被称为第四代光源，具有体积小、低功耗、高亮度、可靠性高、速度快、节能环保等特点，被广泛应用于各种指示、显示、装饰、背光源、普通照明等领域。发光二极管有很多种，常见的有单色 LED、变色 LED、红外 LED、闪烁 LED 等。构成发光二极管 PN 结的材料不同，可以发出红、绿、黄、白、蓝等多种不同的颜色。例如，磷化镓二极管发绿光，砷化镓二极管发红光。发光二极管的封装有多种，常见的是引脚式的，直径有 3mm、5mm 等，也有贴片式的。

发光二极管的正向导通压降比普通二极管要大，大概在 1.7 ~ 3V 范围内。按照红、橙、黄、绿、蓝的顺序，正向导通压降依次升高。发光二极管的工作电流一般在 5 ~ 20mA，在规定范围内，工作电流的大小与亮度成正比，工作电流越大，发光二极管越亮。但是工作电流超过限度时会烧毁管子，因此在使用时经常需要串联电阻限流。

发光二极管的阳极和阴极的辨别方法有多种，最直接的就是目测法，如图 1-5 所示，电极较小、引脚较长的为阳极，电极较大、引脚较短的是阴极。但是这种方法也不一定准确，因为不同厂商的制作工艺不同，有可能变换引脚的长短。那我们就需要串联一个 1kΩ 左右的电阻，加 5V 的电源，通过实际测试来判断其阳极和阴极。

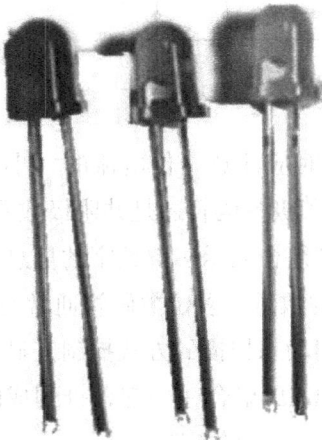

图1-4　发光二极管示例　　　　图1-5　发光二极管的剖面图

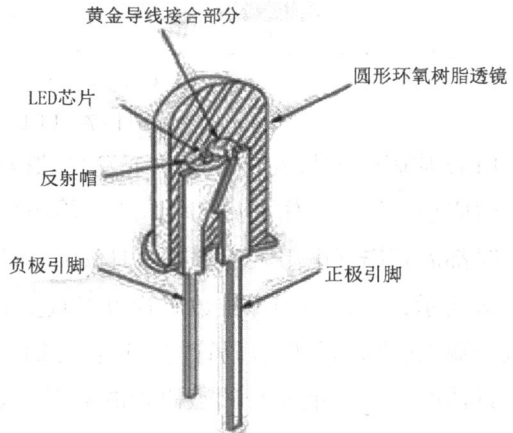

　　单个的发光二极管常用于作为各种指示灯，如果把多个发光二极管集合起来，按照数码的方式排列制作的器件称为 LED 数码管。LED 数码管有七段数码管、八段数码管及多段数码管，八段数码管比七段数码管多了一个小数点，多段数码管如图 1-6 所示，可以显示更丰富的信息。

图1-6　16段数码管和14段数码管

　　LED 数码管有两种连接方式，如图 1-7 所示，如果把所有发光二极管的阳极接在一起作为公共端，则称为共阳极数码管；反之，如果把所有阴极接在一起作为公共端，则称为共阴极数码管。共阳极数码管使用的时候，将公共端接电源正极，当输入信号为低电平时，相对应的段亮。而共阴极数码管正好相反，使用时公共端应接地，输入信号为高电平时，相对应的段亮。

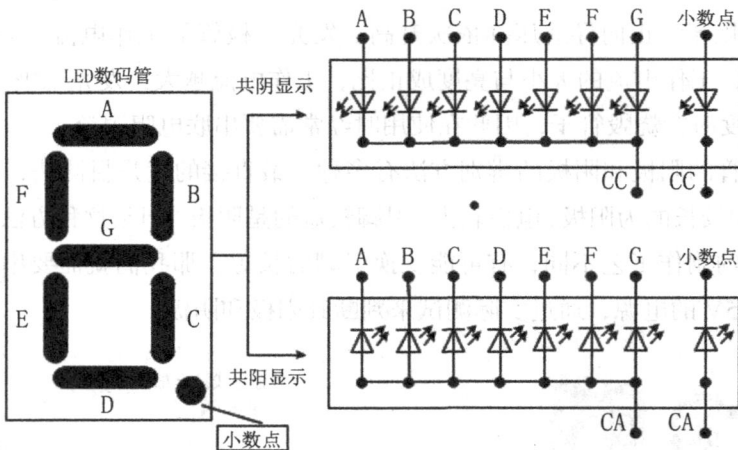

图1-7　LED数码管的构成

　　LED 数码管的伏安特性和单个发光二极管类似，使用时应注意工作电流的大小，正向电流应小于最大工作电流，并留有一定的余量。不管是共阳极数码管还是共阴极数码管，使用时都需要串联电阻限流。有的时候需要使用多个数码管组合表示多位数字的信息，如图 1-8 所示，选择使用多位数码管可以减少驱动输入端口的数量。多位数码管通常包括 8 段数据输入引脚和各位数码管的位选信号输入引脚，一般用动态扫描的方式控制其显示信息，具体的引脚功能要查阅数码管的资料。如果将更多的 LED 聚合在一起，排列成阵列的形式，则制成的器件叫作点阵，如图 1-9 所示，这是一个 8×8 的点阵。

图1-8 多位数码管示例

图1-9 LED点阵示例

LED 点阵可以表示更丰富的信息，例如图形、文字等。由于 LED 亮度比较高，户外的广告牌、交通信号灯等用的大部分都是 LED 点阵或者 LED 显示屏。OLED 即有机发光二极管，除了 LED 显示器的优势外，还有超轻超薄、可弯可折的特点，是近些年发展迅速的一类显示器件。

1.3.4 电阻

电阻是大家都很熟悉的元件，对电流起阻碍作用，能将电能转化为热能，是一种耗能元件。电阻在电路中常常用于分压或者限流。电阻的种类很多，常见电路如图 1-10 所示。

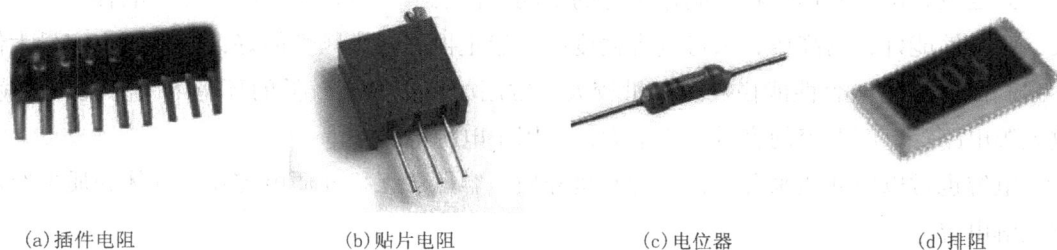

(a)插件电阻   (b)贴片电阻   (c)电位器   (d)排阻

图1-10 各种电阻示例

我们在使用电阻时要注意三个方面。一个是电阻的阻值大小，一个是电阻的精度，还有一个是容易忽略的电阻的额定功率。

有些电阻直接在表面上标注其大小，如 510 表示 510 Ω。贴片电阻因为体积小，常用三位数字表示大小，前两位是有效数字，最后一位如果是 0~8，表示的是数量级，也就是有效数字乘以 10 的几次方，如果最后一位是 9，则表示需要乘以 0.1。例如，标识为 102 的电阻，表示 $10 \times 10^2 = 1k\Omega$。

当电阻中流过的电流过大时，电阻会烧毁，所以在使用电阻时还应注意电阻的额定功率。常见的额定功率有 1/16W、1/8W、1/4W、1/2W、1W、2W、5W、10W 等，额定功率应该是实际功率的 1.5~2 倍。

如果需要阻值可调，则要用到电位器。如果改变了中间滑片的位置，则滑片与两端的阻值都发生改变。电位器一般是机械式的，也有数字电位器，可以通过脉冲信号调节电阻值，控制更为方便。选用电位器时也需要考虑功率、使用是否便利以及经济等因素。

1.3.5 电容

电容是由两片金属膜紧靠、中间用线材料隔开而组成的元件（或称电容量），是电子电路中大量使用的元件，是表征电容器容纳电荷本领的物理量。我们把电容器两板间的电势差增加 1V 所需的电量，叫作电容器的电容。电容的特性主要是隔直流通交流，电容主要应用于电源滤波、信号滤波、信号耦合、谐振、隔直流等电路中。电容以容量是否可调可以分为固定电容、可变电容和可调电容，其符号如图 1-11。

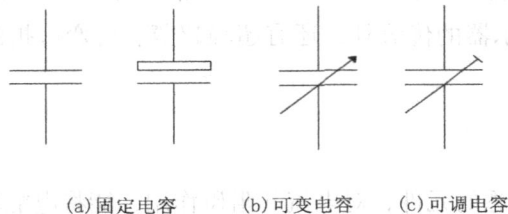

(a) 固定电容　　　(b) 可变电容　　　(c) 可调电容

图1-11　电容符号

固定电容由于制作原料、制作工艺的不同，性能上也有很大不同。瓷片电容量一般不大，高频性能好，耐高压，云母电容精度高、稳定性好、高频性能好；独石电容容量大但不耐高压；涤纶电容性能稳定、容量较大，常用于工作电压较低的环境下的滤波、振荡、放大等电路；电解电容的容量一般很大，常用于电源电路中。

电容也常以电介质来分类，分为有机介质电容器、无机介质电容器、气体介质电容器和电解电容等。

电容有标称值及精度、额定电压等参数，使用的时候应根据电路环境选择合适的电容。电容的使用要遵循一定的规则，电容在电路中承受的实际电压不能超过其额定电压；交流电压的峰值也不能大于电容的耐压值；电解电容有正负极性，不能接反；不同的电路选用不同的电容，例如高频振荡选用云母或高频瓷片电容，旁路电容可使用涤纶、纸介质、陶瓷、电解等电容；安装电容的时候宜将标示朝外，便于检查。

1.3.6 二极管

半导体二极管又称晶体二极管，简称二极管 (diode)，其内部就是一个 PN 结，符号如图 1-12 所示。

图1-12 二极管的符号

普通二极管　　　稳压二极管　　　发光二极管　　　光电二极管　　　变容二极管

二极管的典型特性是单向导电性。在电路中，电流只能从二极管的阳极流入，阴极流出。必须说明，当加在二极管两端的正向电压很小时，二极管仍然不能导通，流过二极管的正向电流十分微弱。只有当正向电压达到某一数值（这一数值称为"门槛电压"，锗管约为 0.2V，硅管约为 0.6V）以后，二极管才能真正导通。导通后二极管两端的电压基本上保持不变（锗管约为 0.3V，硅管约为 0.7V），称为二极管的"正向压降"。

晶体二极管在电路中常用"D"加数字表示。例如，D5 表示编号为 5 的二极管。二极管的主要特性是单向导电性，也就是在正向电压的作用下导通电阻很小，而在反向电压作用下导通电阻极大或无穷大。正因为二极管具有上述特性，常把它用在整流、隔离、稳压、极性保护、编码控制、调频调制和静噪等电路中。电路里使用的晶体二极管按作用可分为：整流二极管（如 1N4004）、隔离二极管（如 1N4148）、肖特基二极管（如 BAT85）、发光二极管、稳压二极管等。

二极管的识别很简单，小功率二极管的 N 极（负极）在二极管外表大多采用一种色圈标出来，有些二极管也用二极管专用符号来表示 P 极（正极）或 N 极（负极），也有采用符号标志为"P""N"来确定二极管极性的。发光二极管的正负极可从引脚长短来识别，长脚为正，短脚为负。

用数字式万用表去测二极管时，红表笔接二极管的正极，黑表笔接二极管的负极，此时测得的阻值才是二极管的正向导通阻值，这与指针式万用表的表笔接法刚好相反。

1.3.7 三极管

半导体三极管也称双极型晶体管、晶体三极管，简称三极管，是一种电流控制的半导体器件。三极管能把微弱信号放大成幅值较大的电信号，在数学系统中经常用作无触点开关，常见三极管如图 1-13。

(a) 普通三极管　　　(b) 贴片三极管　　　(c) 开关三极管

图1-13 常见三极管外观

晶体三极管在电路中常用"Q"加数字表示。例如，Q17 表示编号为 17 的三极管。如何判断三极管的极性呢？一般来说，正常的 NPN 结构三极管的基极 (B) 对集电极 (C)、发射极 (E) 的正向电阻是 430~680Ω(根据型号的不同，放大倍数的差异，这个值有所不同)，反向电阻无穷大；正常 PNP 结构的三极管的基极 (B) 对集电极 (C)、发射极 (E) 的反向电阻是 430~680Ω，正向电阻无穷大。集电极 C 对发射极 E 在不加偏流的情况下电阻为无穷大。因此，检测的时候，可以先假设三极管的某极为"基极"，将万用表黑表笔接在假设的基极上，再将红表笔依次接到其余两个电极上，若两次测得的电阻都很大 (约几十千欧)，或者都小 (几百欧至几千欧)，则对换表笔重复上述测量。若测得两个阻值相反 (都很小或都很大)，则可确定假设的基极是正确的，否则另假设一极为"基极"，重复上述测试，以确定基极。

当基极确定后，将黑表笔接基极，红表笔接其他两极，若测得电阻值都很少，则该三极管为 NPN，反之为 PNP。确定基极后，剩余两极一个是集电极，一个是发射极。先假设余下引脚之一为集电极 C，另一个为发射极 E，用手指分别捏住 C 极与 B 极，同时将万用表两表笔分别与 C、E 接触，若被测管为 NPN，则用黑表笔接触 C 极、用红表笔接 E 极 (PNP 管相反)，观察指针偏转角度；然后再设另一引脚为 C 极，重复以上过程，比较两次测量指针的偏转角度，偏转角度大的一次表明集电极电流大，管子处于放大状态，相应假设的 C、E 极正确。

1.4 单片机基础知识

1.4.1 单片机历史与发展
将 8 位单片机的推出作为起点，单片机的发展历史大致可分为以下几个阶段。

1.4.1.1 第一阶段 (1976—1978)，单片机的探索阶段
以 Intel 公司的 MCS-48 为代表，MCS-48 的推出是在工控领域的探索，相关公司还有 Motorola、Zilog 等，它们都取得了令人满意的效果。这就是 SCM 的诞生年代，"单片机"一词即由此而来。

1.4.1.2 第二阶段 (1978—1982)，单片机的完善阶段
Intel 公司在 MCS-48 基础上推出了完善的、典型的单片机系列 MCS-51。它在以下几个方面奠定了典型的通用总线型单片机体系结构。

（1）完善的外部总线。MCS-51 设置了经典的 8 位单片机的总线结构，包括 8 位数据总线、16 位地址总线、控制总线及具有多机通信功能的串行通信接口。

（2）CPU 外围功能单元的集中管理模式。

（3）体现工控特性的位地址空间及位操作方式。

（4）指令系统趋于丰富和完善，并且增加了许多突出控制功能的指令。

1.4.1.3 第三阶段(1982—1990)，8位单片机的巩固和发展及16位单片机的推出阶段

该阶段也是单片机向微控制器发展的阶段。Intel公司推出的MCS-96系列单片机，将一些用于测控系统的模数转换器、程序运行监视器、脉宽调制器等纳入片中，体现了单片机的微控制器特征。随着MCS-51系列的广泛应用，许多厂商将许多测控系统中使用的电路技术、接口技术、多通道A/D转换部件、可靠性技术等应用到单片机中，增强了外围电路功能，强化了智能控制的特征。

1.4.1.4 第四阶段(1990至今)，单片机的全面发展阶段

随着单片机在各个领域的发展和应用，出现了高速、大寻址范围、强运算能力的8位/16位/32位通用型单片机，以及小型廉价的专用型单片机，并向SOC及多核技术发展。

1.4.2 单片机最小系统

最小系统是指能进行正常工作的最简单电路。包括电源电路、时钟电路、复位电路和程序烧制接口，四者缺一不可。

1.4.3 单片机软件

1.4.3.1 计算机语言

计算机语言(computer language)指用于人与计算机之间通信的语言。语言分为自然语言与人工语言两大类。自然语言是人类在自身发展的过程中形成的语言，是人与人之间传递信息的媒介。人工语言指的是人们为了某种目的而自行设计的语言。计算机语言就是人工语言的一种。计算机语言是人与计算机之间传递信息的媒介。计算机系统最大的特征是指令通过一种语言传达给机器。为了使电子计算机进行各种工作，就需要有一套用以编写计算机程序的字符和语法规则，由这些字符和语法规则组成计算机的各种指令(或各种语句)。

1.4.3.2 指令与指令系统

指令是指计算机完成某个基本操作的命令。计算机硬件能解释指令并执行。一条指令就是计算机机器语言的一个语句，是程序设计的最小语言单位。一台计算机所能执行的全部指令的集合，称为这台计算机的指令系统。指令系统比较充分地说明了计算机处理数据的能力。不同种类的计算机，其指令系统的指令数目与格式也不同。指令系统越丰富完备，编制程序就越方便灵活。指令系统是根据计算机使用要求设计的。

1.4.3.3 CISC 与 RISC

长期以来，计算机性能的提高往往是通过增加硬件的复杂性来获得的。随着集成电路技术，特别是 VLSI(超大规模集成电路) 技术的迅速发展，为了方便软件编程和提高程序的运行速度，硬件工程师采用的办法是不断增加可实现复杂功能的指令和多种灵活的编址方式。甚至某些指令可支持高级语言语句归类后的复杂操作，使得硬件越来越复杂，造价也相应提高。为实现复杂操作，微处理器除向程序员提供类似各种寄存器和机器指令功能外，还通过存储于只读存储器 (ROM) 中的微程序来实现其极强的功能，处理在分析每一条指令之后执行一系列初级指令运算所需的功能，这种设计的形式称为复杂指令集计算机 (Complex Instruction Set Computer, CISC) 结构，一般 CISC 计算机所含的指令数目至少 300条，有的甚至超过 500 条。

采用复杂指令系统的计算机有着较强的处理高级语言的能力。这对提高计算机的性能是有益的。当计算机的设计沿着这条道路发展时，有些人并没有随波逐流，他们回顾曾走过的道路，开始怀疑这种传统的做法。IBM 公司设在纽约 Yorktown 的 Thomas. J. Waston 研究中心于 1975 年组织力量研究指令系统的合理性问题。因为当时该公司已感到，日趋庞杂的指令系统不但不易实现，而且还可能降低系统性能。1979 年以帕特逊教授为首的一批科学家也开始在美国加州大学伯克利分校开展这一项研究。研究结果表明，CISC 存在许多缺点。首先，在这种计算机中，各种指令的使用率相差悬殊。一个典型程序的运算过程所使用的 80% 指令只占一个处理器指令系统的 20%。事实上最频繁使用的指令是取、存和加这些最简单的指令。这样一来，长期致力于复杂指令系统的设计，实际上是在设计一种难以在实践中用得上的指令系统的处理器。其次，复杂的指令系统必然带来结构的复杂性。这不但增加了设计的时间与成本，还容易造成设计失误。再次，尽管 VLSI 技术在当时已达到很高的水平，但也很难把 CISC 的全部硬件做在一个芯片上，这也妨碍了单片计算机的发展。最后，在 CISC 中，许多复杂指令需要极复杂的操作，这类指令多数是某种高级语言的直接翻版，因而通用性差。由于采用二级的微码执行方式，它也降低了那些被频繁调用的简单指令系统的运行速度。因此，针对 CISC 的这些弊病，帕特逊等人提出了精简指令的设想，即指令系统应当只包含那些使用频率很高的少量指令，并提供一些必要的指令以支持操作系统和高级语言。按照这个原则发展而成的计算机称为精简指令集计算机 (Reduced Instruction Set Computer, RISC) 结构。

1.4.3.4 程序的健壮性与程序设计风格

程序的健壮性是指程序对于规范要求以外的输入情况的处理能力。健壮的系统是指对于规范要求以外的输入能够判断出这个输入不符合规范要求，并能有合理的处理方式。另外健壮性有时也和容错性、可移植性、正确性有交叉的地方。

程序设计风格指在程序设计中要使程序结构合理、清晰，形成良好的编程习惯，要求程序不仅可以在机器上执行，给出正确的结果，而且要便于调试和维护，这就要求编写的程序不仅自己看得懂，而且也要让别人能看懂。

1.4.3.5 监控程序设计

单片机常常因为外界的严重干扰而引起系统程序跑飞。为防止这类情况出现，一般有两种解决方法。其一，外加硬件看门狗电路。这种电路是由一个双稳态触发器和一个定时器构成，特点是不会占用单片机本身就为数不多的定时器，不给程序运行增加负担，但它需要外接芯片，增加了器件的体积和成本。其二，用软件设计但软件可靠性不高是它的缺点。本书提出了同时监控系统主循环和看门狗定时器的双循环监控方法，可以很好地解决这一问题。

下面分别按硬件和软件两方面加以探讨。硬件方面的工作原理：看门狗定时器 (Watch Dog Timer) 由输入 WDI（Watch Dog Input）、输出 WDO（Watch Dog Output）及定时器三部分组成，用于监视系统是否正常工作。其工作原理是 WDI 为定时器复位端，从 WDI 输入的有效信号将复位定时器，WDO 为看门狗定时器溢出信号输出端，在设定的定时时间内，若 WDI 端无有效的定时器复位信号，WDO 端将输出定时器溢出信号。使用看门狗定时器时，要求程序在运行中定时发出看门狗定时器复位信号，确保只要程序运行正常，看门狗定时器就不会溢出。若系统受干扰等原因导致程序跑飞或死机，便不可能定时发出看门狗定时器复位信号，一旦超过定时时间，看门狗定时器就会发出溢出信号，将此信号与单片机的复位端相连，系统就会复位。

1.4.3.6 软件测试

软件测试就是利用测试工具按照测试方案和流程对产品进行功能和性能测试，甚至根据需要编写不同的测试工具，设计和维护测试系统，对测试方案可能出现的问题进行分析和评估。执行测试用例后，需要跟踪故障，以确保开发的产品适合需求。

第2章　51单片机

2.1 51单片机开发基础

单片机又称微控制器（Micro Controller Uint,MCU)，是一片集成了CPU、存储器、各种输入输出接口的芯片。该芯片具有体积小、价格低、开发应用方便的特点，在工业自动化、智能仪器仪表、消费电子产品等方面得到广泛的应用。单片机的学习可以从了解单片机内部硬件结构，掌握单片机基本模块的硬件电路和软件编程，了解常见应用系统设计三个方面着手。

2.1.1 51单片机概述

最常见的AT89C51单片机如图2-1所示。

图2-1　51单片机实物图

单片机和其他芯片一样有引脚，工作时需要通电，但是通电后必须往芯片内输入程序才能工作，而且想要它实现某种功能，只要编写实现这些功能的程序，然后把这些程序下载到芯片内就能实现。51单片机的主要生产厂商如表2-1所示。

表2-1　51单片机主要生产厂商

生产厂商	产品
Atmel	AT89C51，AT89C52，AT89C53，AT89C55，AT89S51，AT89S52 等
STC	STC89C51RC，STC89C52RC，STC89C52RC，STC89LE51RC，STC12C5412AD 等
Intel	i87c54，i87c58，I87L54
Phillips	P80C54，P80C58，P87C54，P87C524
Winbond	W78C54，W78C58，W78E54，W78E58

每款单片机都有一个独一无二的名字，这就是它的身份标志，生产厂家为便于用户选

择元器件，通常有一套同样的命名规则。

以 AT89S51 单片机为例，该款单片机上的标号为 AT89S51-24PC，标号上各部分意义解释如下。

（1）AT——公司前缀，表示该芯片为 Atmel 公司生产，绝大多数单片机生产厂商都会把自己公司的字母缩写放到芯片名字的最前端，单片机如此，其他模拟、数字芯片也是如此。这样一方面给自己公司做了无形的广告，另一方面方便读者选择自己公司生产的芯片。

（2）8——该芯片内核为 8051。

（3）9——内部含 FlashEPROM 存储器。类似于 80C51 中的 0 表示内含掩膜存储器 (Mask ROM),87C51 中的 7 表示内含紫外线可擦除存储器 (EPROM)。

（4）S——该芯片具有 ISP 在线编程功能。具有该功能的单片机，PC 上编写好的程序可以通过串口通信直接写入单片机内部，无须把单片机从设计好的电路板上拔下，放到专门的编程器上。类似于 80C51 中的 C 表示该芯片为 CMOS 产品。

（5）5——有资料显示该位是固定不变的。

（6）1——该芯片内部程序存储器的空间大小。1 为 4KB,89C52 中的 2 为 8KB。

（7）24——可支持最高为 24MHz 的系统时钟。

（8）P——该芯片的封装形式。P 为 DP 封装，A 为 TQFP 封装，J 为 PLCC 封装。

（9）C 为商业级，I 为工业级 (有铅)，U 为工业级 (无铅)。不同应用级的芯片工作温度范围不同。同一种芯片的不同应用级，除了工作温度范围不同外，根据各自领域的应用特点，芯片设计生产时也会有所偏重，像汽车类电子芯片可能会对片体积、抗震性能有特殊的要求，而军用产品可能会对芯片的抗电磁干扰能力、工作时输出信号的精度有要求，并且不同级的芯片价格相差较大。

2.1.2 51单片机引脚说明

PDIP 封装的 51 单片机封装引脚图如图 2-2 所示，该封装类型的 51 单片机有 40 个引脚，这 40 个引脚可以分为三类：单片机最小系统所需引脚，编程控制引脚，IO 引脚。

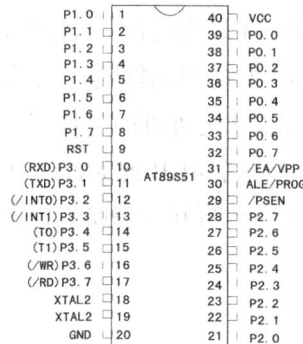

图2-2　51单片机PDIP封装引脚图

2.1.2.1 单片机最小系统所需引脚

单片机最小系统所需引脚有：VCC、GND、XTAL1、XTAL2、RST、EA/VPP。所谓单片机最小系统，指的是在外接元器件最少的情况下，能让单片机正常工作的系统。

（1）VCC——单片机工作电源正极连接端。多数单片机工作电压为 +5V，也有 +3.3V 的工作电压，需要查看单片机使用手册确定。

（2）GND——单片机工作电源地连接端。

（3）XTAL1、XTAL2——外接时钟引脚。

XTAL1 为片内振荡电路的输入端，XTAL2 为片内振荡电路输出端。51 单片机的时钟有两种方式，一种是片内时钟振荡方式，需要在这两个引脚间外接石英晶体和振荡电容，电容一般取值为 10~30pF；另一种是外部时钟方式，该方式下将 XTAL1 接地，外部时钟信号从 XTAL2 输入。

（4）RST——单片机复位引脚。当输入连续两个机器周期以上高电平时有效，复位后程序计数器为 0000H。

（5）EA/VPP——访问程序存储器控制引脚。该引脚接高电平时，CPU 读取内部程序存储器 (ROM)；接低电平时，CPU 读取外部程序存储器 (ROM)。STC89C52 有内部 ROM，因此，在设计电路时该脚要接高电平，而 8031 单片机内部是没有 ROM 的，在应用 8031 单片机时，这个引脚是一直接低电平的。

2.1.2.2 编程控制引脚

（1）PSEN——程序存储器允许输出控制端。在读外部 ROM 时 PSEN 低电平有效，以实现外部 ROM 单元的读操作。由于现在单片机的 ROM 都比较大，不需要去扩展外部 ROM，因此该引脚使用较少。

（2）ALE/PROG——地址锁存控制引脚。在系统扩展时，ALE 用于把 P0 口的输出低 8 位地址信号送锁存器锁存起来，以实现低位地址和数据的隔离。ALE 有可能是高电平也有可能是低电平，当 ALE 是高电平时，允许地址锁存信号。当访问外部存储器时，ALE 信号负跳变（即由正变负），将 P0 口上低 8 位地址信号送入锁存器；当 ALE 是低电平时，P0 口上的内容和锁存器输出一致。在没有访问外部存储器期间，ALE 以 1/6 振荡周期频率输出，当访问外部存储器以 1/12 振荡周期输出。当系统没有进行扩展时 ALE 会以 1/6 振荡周期的固定频率输出，因此可以作为外部时钟或者外部定时脉冲使用。PROG 为编程脉冲的输入端，在 51 单片机内部有一个 4KB 或 8KB 的程序存储器 (ROM)，ROM 的作用就是存放用户需要执行的程序。用户编写好的程序通过编程脉冲输入才能写进，这个脉冲的输入端就是 PROG。

2.1.2.3 I/O 引脚

单片机具有 P0、P1、P2、P3 四组 I/O 引脚，每组 8 个共 32 个引脚。这些 I/O 引脚既可以作为信息输入也可以作为信息输出口。

2.1.3　51单片机CPU

51 单片机中有一个 8 位的 CPU,该 CPU 包括运算器和控制器两大部分,并且单片机的 CPU 还特别增加了面向控制的处理功能,既不仅可处理字节数据,还可以进行位处理、查表、状态检测、中断处理等位变量的处理。

2.1.3.1　运算器

运算器主要用来对操作数进行算术、逻辑运算和位操作。包括算术逻辑运算单元 ALU、累加器 ACC、寄存器 B、位处理器、程序状态字寄存器 PSW 及 BCD 码修正电路等。

(1) 算术逻辑单元 ALU。

CPU 的运算器以 ALU 为中心,单片机所要进行加、减、乘、除等基本算术运算,以及逻辑与、或、异或、循环、求补和清零等逻辑运算都在 ALU 中执行。ALU 中不存储运算结果,根据不同运算类型,运算结果存储到累加器 ACC、寄存器 B 等中。

(2) 累加器 ACC。

累加器 ACC 是一个 8 位的寄存器,也是 CPU 中使用最频繁的一个寄存器。累加器 ACC 的作用有两个,一是作为 ALU 单元的数据输入寄存器,当运算结束后,运算结果存储到 ALU 中;二是作为外部寄存器和 CPU 中数据传送的桥梁,外部寄存器数据要通过累加器 ACC 才能传送到 CPU 的 ALU 中进行运算。

(3) 寄存器 B。

寄存器 B 是为执行乘法和除法操作设置的。乘法中 ALU 的两个输入分别为累积器 ACC、寄存器 B。运算结果存放在寄存器中,寄存器存放乘积的高 8 位,累加器中存放乘积的低 8 位。除法中被除数取自累加器,除数取自寄存器,商存放在累加器中,余数存于寄存器中。在不执行乘、除法操作的情况下,可把它作为一个普通的寄存器使用。

(4) 程序状态字寄存器 PSW。

PSW 是一个 8 位可读／写的寄存器,位于单片机的特殊寄存器区间。PSW 主要用于存放程序状态信息及运算结果的标志,所以又称标志寄存器,其格式如表 2-2。

表2-2　寄存器定义

位序号	D7	D6	D5	D4	D3	D2	D1	D0
位符号	CY	AC	F0	RS1	RS0	OV	—	P

① CY——进位标志位。执行算术和逻辑指令时,CY 可以做置位或清除,在位处理器中,它是位累加器。运算结束后,如果有进位或者借位发生,则 CY=1, 否则 CY=0。

② AC——辅助进位标志位。当进行 BCD 码的加法或减法操作而产生的由低 4 位数向高 4 位进位或者借位时, AC 将被硬件置 1,否则被清零。

③ RS1、RS0——工作寄存器区选择控制位。用于选择 4 组工作寄存器哪一组为当前

工作寄存器，工作寄存器的选择如表 2-3 所示。

表2-3　工作寄存器的选择

RS1	RS0	所选中的工作寄存器
0	0	0组（内部 RAM 地址 00H~07H）
0	1	1组（内部 RAM 地址 08H~0FH）
1	0	2组（内部 RAM 地址 10H~17H）
1	1	3组（内部 RAM 地址 18H~1FH）

④ OV——溢出标志位。

⑤ P——奇偶标志位。

2.1.3.2 控制器

控制器是由程序计数器 PC、指令寄存器、译码器、定时与控制电路等组成的。

(1) 程序计数器 PC。

程序计数器 PC 是一个 16 位的寄存器，PC 中的内容是下一条将要执行的指令代码的起始存放地址。当单片机复位后，PC 内的值为 000H，这就引导 CPU 从 000H 开始的地址读取指令代码，CPU 每读取一字节的指令，PC 的内容自动加 1，以指向下一个地址。

(2) 指令寄存器、译码器、定时与控制电路。

指令寄存器 IR 是用于存放指令操作码的专业寄存器。执行程序时，首先从程序存储器中读取指令操作，也就是根据 PC 给出的地址从程序存储器中读取指令，并送到指令寄存器 IR 中，IR 输出送到译码器，然后由译码器对该指令进行译码，译码结果送定时控制逻辑电路，定时控制逻辑电路根据指令性质发出一系列的定时控制信号，控制单片机的各个组成部件进行相应的工作，执行指令。

2.1.4 存储器结构

51 单片机的存储器结构如图 2-3 所示，51 单片机的存储器分为两大存储空间，程序存储器 (ROM) 和数据存储器 (RAM)。

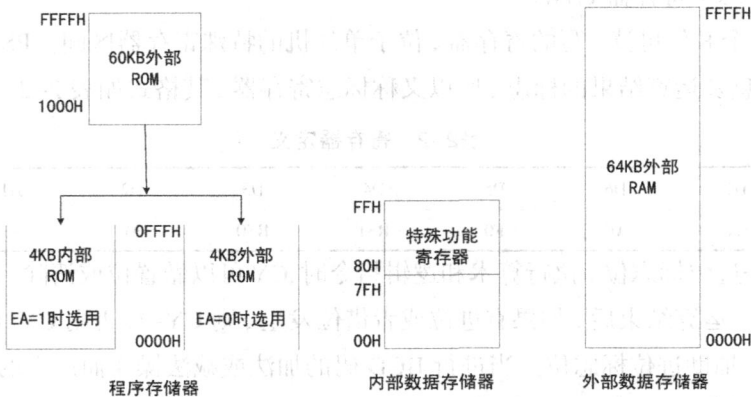

图2-3　51单片机存储器结构

2.1.4.1 程序存储器（ROM）

程序存储器主要用于存放程序和表格常数。当单片机的 EA/VPP 引脚接高电平时，单片机执行内部程序存储器里的数据，也就是执行片内 4KBROM 中存储的程序，对于 89C51 单片机，4KBROM 是自带的，在芯片里就有，因此 EAPP 接固定高电平即可。

程序存储器中有几个特殊单元，它们是中断服务程序的入口地址，见表 2-4。

表2-4　各中断服务程序的入口地址

中断源	入口地址
外部中断 0	0003H
定时器 0	00BH
外部中断 1	0013H
定时器 1	001BH
串口中段	0023H

对于程序存储器明白以下三点即可。

(1) 对于 AT89C51、STC89C51 等单片机，内部自带了 4KB 的 ROM，使用时将 EA/VPP 接固定高电平。

(2) 单片机的程序计数器 PC 在复位后为 000H，即指向程序存储器的开始地址。

(3) 不推荐扩展程序存储器，后面的数据存储器也不推荐扩展，如果空间不够就更换单片机类型。

2.1.4.2 数据存储器（RAM）

数据存储器主要用于存放程序执行过程中的各种数据。在 51 单片机内部自带了 256B 的数据存储器，00H~7FH 为通用的数据储区，80H~FFH 为专用的特殊功能寄存器区。低 128B 的内部数据存储器结构如图 2-4 所示。

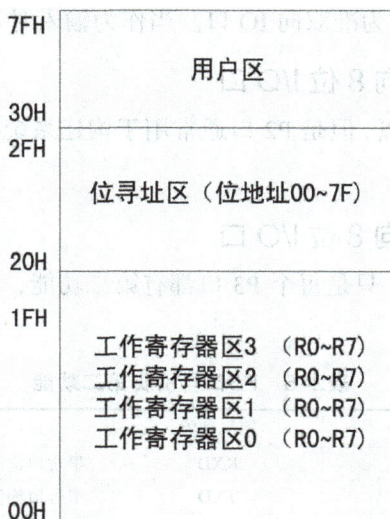

图2-4　内部RAM的低128B结构图

按其功能不同划分为 3 个区域。

（1）工作寄存器区（00H~1FH）。

该区均分为四个小区，任何时候，只有一个区的工作寄存器可以工作，称为当前工作寄存器区。当前区的选择可通过对寄存器 PW 中的 RS1、RS0 两位的设置来进行。

（2）位寻址区（20H~2FH）。

位寻址区由 16 个单元组成，共 128 位，每位具有位地址，每个单元也可作为一般的数据缓冲单元使用。

（3）用户区（30H~7FH）。

用户区为一般数据缓冲区，堆栈区通常也设置在这个区域内。高 128 字节（特殊功能寄存器区）大多数用于存放特殊功能寄存器，51 内部有 21 个特殊功能寄存器，它们均为 8 位的寄存器，高散分布在 80H ~ FFH 区域，剩下 107 个单元是没有定义的，用户不能使用。

2.1.5 I/O端口

单片机有 P0、PI、P2、P3 四组 I/O 端口。

2.1.5.1 P0——双向 8 位三态 I/O 口

每个口可以独立控制，数据可以双向传输，在使用时一定要外接 10kΩ 的上拉电阻。P0 口还可以用来输出外部存储器的第 8 位地址。由于是分时输出，故应在外部加锁存器将地址数据锁存，地址锁存信号用 ALE。

2.1.5.2 P1——准双向 8 位 I/O 口

每个口也可独立控制，内带上拉电阻，这种接口输出没有高阻态，输入也不能锁存，故不是真正的双向 IO 口，称为准双向 IO 口。当作为输入时，要先向该口进行写 1 操作。

2.1.5.3 P2——准双向 8 位 I/O 口

P2 口的功能和 P1 口类似，但是 P2 通常用于构建系统地址总线，并且作为总线的高 8 位。

2.1.5.4 P3——准双向 8 位 I/O 口

P3 口功能和 P1 口类似，只是每个 P3 口都有第二功能，各引脚第二功能定义如表 2-5 所示。

表2-5　P3口各引脚第二功能

引脚编号	引脚符号	第二功能	说明
10	P3.0	RXD	串行口输入
11	P3.1	TXD	串行口输出
12	P3.2	/INT0	外部中断 0
13	P3.3	/INT1	外部中断 1

引脚编号	引脚符号	第二功能	说明
14	P3.4	T0	定时器 / 计数器 0 外部输入端
15	P3.5	T1	定时器 / 计数器 4 外部输入端
16	P3.6	/WR	外部数据存储器写脉冲
17	P3.7	/RD	外部数据存储器读脉冲

2.1.6 定时器/计数器

2.1.6.1 定时器 / 计数器模块概述

51 单片机内部共有 2 个 16 位可编程的定时器计数器，即定时器 / 计数器 0，定时器计数器 1，它们既有定时的功能又有计数的功能。通过设置与它们相关的特殊功能寄存器，可以选择启用定时功能或者计数功能。

定时器 / 计数器的实质是加 1 计数器，由高 8 位和低 8 位两个寄存器组成。当通过 TMOD，即定时器 / 计数器工作方式寄存器，设置好定时器 / 计数器的工作方式后，由 TCON(控制寄存器) 启动定时器计数器，则定时器 / 计数器在机器周期脉冲的作用下，自动进行加 1 计数，这个加 1 过程无须人工干预，无须程序干预，单片机内部硬件电路自动执行，也就是说定时器 / 计数器一旦被设置好并且启动后，它自动进行加 1 计数。

2.1.6.2 定时器 / 计数器模块内部的寄存器

定时器 / 计数器模块内部有两个常用的寄存器。TMOD，方式寄存器，用于设置定时器 / 计数器模块的工作方式。TCON，控制寄存器，用于启动定时器 / 计数器模块内部各组成部分，并且还能指示各部分的工作状态。

(1) TMOD——方式寄存器。

该寄存器位于单片机数据寄存器的特殊功能寄存器区间，字节地址为 89H，不能用位寻址，该寄存器用于设置定时器的工作方式，其高 4 位用于设置定时器 1，低 4 位用于设置定时 0。单片机复位时该寄存器全部被清零。

表 2-6 列出了 TMOD 寄存器内部各位的标识，各位的定义如下所述。

表2-6　TMOD寄存器

位序号	D7	D6	D5	D4	D3	D2	D1	D0
位符号	GATE	C/T	M1	M0	GATE	C/T	M1	M0

① GATE——门控制位。当 GATE=0，定时器 / 计数器的启动和停止只受 TCON 寄存器的 TRX(X=0，1) 控制。当 GATE=1，定时器 / 计数器的启动和停止由 TCON 寄存器的 TRX(X=0，1) 和外部中断引脚 INT0 或 INT1 上的电平状态共同控制。

② C/T——定时器模式和计数器模式选择位。C/T=1，计数器模式；C/T=0，定时器模式。

③ M1，M0——工作方式选择位。M1，M0 两位用于设置定时器 / 计数器的工作方式，每个定时器 / 计数器都有 4 种工作方式，对应关系如表 2-7 所示。

表2-7 定时器/计数器的4种工作方式

M1	M0	工作方式
0	0	方式 0，为 13 位定时器 / 计数器
0	1	方式 1，为 16 位定时器 / 计数器
1	0	方式 2，8 位初值自动重装定时器 / 计数器
1	1	方式 3，仅用于 T0，分成两个 8 位计数器，T1 停止计数

方式 0，13 位定时器 / 计数器：在该方式下，定时器 / 计数器由 TL 低 5 位和 TH 的 8 位组成，TL 低 5 位计数满时不向 TL 第 6 位进位，而是向 TH 进位，13 位计满溢出，TF 置 1。最大计数值 $2^{13}=8192$。

方式 1，16 位定时器 / 计数器：在该方式下，定时器 / 计数器由 TL 和 TH 组成，最大计数值为 $2^{16}=65536$。工作方式与方式 0 相似。

方式 2，8 位初值自动重装定时器 / 计数器：可自动装载的 8 位计数器，仅用 TL 计数，最大计数值为 $2^8=256$，计数满溢出后，一方面进位 TF，使溢出标志 TE=1；另一方面，使原来装在 TH 中的初值装入 TL。在该方式下，定时初值可自动恢复，但是计数范围小，常作为串口波特率发生器。

方式 3，仅适用于 T0：T1 停止计数，只是保持其值，T0 分成两个独立的 8 位计数器 TH0 和 TL0，此方式较特别，在方式 3 情况下，T0 被拆成两个独立的 8 位计数器 TH0、TL0。TL0 使用 T0 原有的控制寄存器资源，TF0、TR0、GATE、C/T、INT0，组成一个新的 8 位定时器 / 计数器；TH0 借用 T1 的中断溢出标志 TF1，运行控制开关 TR1 只能对单片机内部脉冲计数，组成另一个 8 位定时器 (不能用作计数器)。当 T0 工作在方式 3 情况下，T1 由于其 TF1、TR1 被 T0 的 TH0 占用，所以当 T1 的计数器溢出时，只能将输出信号送至串行口，即用作串行口波特率发生器。

(2) TCON——控制寄存器。

该寄存器位于单片机数据寄存器的特殊功能寄存器区间，字节地址为 88H，可用位寻址，该寄存器用于设置定时器的启动、停止，指示定时器是否计数溢出及一些中断信号，单片机复位时该寄存器全部被清零。

2.1.6.3 定时器 / 计数器使用方法

定时器 / 计数器的使用步骤如下。

（1）设定时器 / 计数器工作方式。

利用 TMOD 寄存器设置定时器 0 或者定时器 1 的工作方式。一般定时时间较长时用方式 0、1，单片机串行口通信时用方式 2，方式 3 较少使用。

（2）设定计数初值。

根据定时要求设定计数初值。要明白定时器 / 计数器具有向上计数的特性，比如设置定时器 0 工作在方式 0 下，设置计数初值为 500，启动定时器 0 将从 8192 − 5000=3192 处开始计数，从 3192 一直计到 8192 共 5000 个数，产生溢出标志。

（3）启动定时器计数器。

启动定时器 / 计数器后，无须再干预，一旦定时时间到，单片机的 IF1 或者 IF0 产生溢出标志，根据实际需要再去处理即可。

2.1.7 定时器/计数器

2.1.7.1 MCS-51 单片机串行口简介

MCS-51 单片机串行口具有两条独立的数据线。即发送端 TXD，接收端 RXD，允许数据同时往两个相反的方向传输。通信时发送数据由 TXD 端输出，接收数据由 RXD 端输入。

2.1.7.2 串行口相关的寄存器

MCS-5I 单片机串行口是由缓冲器 SBUF、串行口控制寄存器 SCON、电源控制寄存器 PCON 及波特率发生器 T 组成。

（1）SBUF——串行口数据缓冲器。

MCS-51 单片机内的串行接口部分，具有两个物理上独立的缓冲器。发送缓冲器和接收缓冲器，以便能以全双工的方式进行通信。串行口的接收由移位寄存器和接收缓冲器构成双缓冲结构，避免在发收数据过程中出现核重叠。发送时因为 CP 是主动的，不会发生帧重叠错误，所以发送结构是单缓冲的。

但是在逻辑上，串行口的缓冲器只有一个，它既表示接收缓冲器，也表示发送缓冲器。两者共用一个寄存器名 SRUF，共用一个地址 99H。

在完成初始化后，发送数据时，将要发送的数据输入 SBUF，则 CPU 自动启动和完成串行数据的输出；接收数据时，CPU 就自动将接收到的数据从 SBU 中读出。

（2）SCON 串行控制寄存器。

串行口控制寄存器 SCON 包含串行口工作方式选择位、接收发送控制位及串行口状态标志位，见表 2-8。

表2-8　SCON寄存器

D7	D6	D5	D4	D3	D2	D1	D0
SM0	SM1	SM2	REN	TB8	RB8	TI	RI

① SM0、SM1——串行口的工作方式选择位。单片机的串行通信方式由 SM0、SM1 两位决定，如表 2-9 所示。

表2-9　串行口的工作方式

SM0 SM1	工作方式	说明	波特率
0　0	方式 0	同步移位寄存器	fosc/12
0　1	方式 1	10 位异步收发	由定时器控制
1　0	方式 2	11 位异步收发	fosc/32 或 fosc/64
1　1	方式 3	11 位异步收发	由定时器控制

② SM2——多机通信控制位。在方式 2 或方式 3 中，若 SM2=1，则只有当接受的第九位数据（RB8）位 1 时，才能将接收的数据送入 SBUF，并使接受中断标志 RI 置位，向 CPU 申请中断，否则数据丢失。若 SM2=0，则不论接受的第九位数据为 1 还是 0，都会把前八位数据装入 SBUF 中，并使接收中断的标志 RI 置位，向 CPU 申请中断，在方式 1，如 SM2=1，则只有收到有效的停止位时才会使 RI 置位。在方式 0，SM 必须为 0。

③ REN——串行口接收允许位。由软件置位以允许接收，由软件清零来禁止接收。

④ TB8——在方式 2 和方式 3 中发送的第九位数据。在多机通信中，常以该位的状态来表示主机发送的是地址还是数据。通常协议规定 TB8 为 0 表示主机发送的是数据，为 1 表示发送的是地址。

⑤ RB8——在方式 2 和方式 3 中发送的第九位数据。RB8 和 SM2、TB8 一起用于通信控制。

⑥ TI——发送中断标志。由硬件在方式 0 串行发送第八位结束时置位，或在其他方式串行发送停止位的开始时置位，必须由软件清零。

⑦ RI——接收中断标志。由硬件在方式 0 串行接收第八位结束时置位，或在其他方式串行接收停止位的开始时置位，必须由软件清零。

（3）PCON——电源控制寄存器。

D7 位 SMOD 是串行口波特率倍增位。SMOD 位 1 时，串行口工作方式 1、方式 2、方式 3 的波特率加倍。

2.1.8 中断系统

2.1.8.1 中断

中断是指程序在执行过程中遇到随机发生的事情停下来，转去处理刚发生的事情，处理完后再接着执行刚停下来的程序。

单片机执行一次完整的中断服务程序包括 5 步：中断寄存器初始化、中断源请求中断、CPU 中断响应、执行中断服务、中断返回。

（1）中断寄存器初始化。

应用过程中要用到中断模块，必须先对中断相关寄存器进行初始化，比如开发哪种类型的中断源，触发该中断源的信号有什么要求等。

（2）中断源请求。

中断源发出中断请求信号，相应的中断请求标志位置 1。这些中断请求标志位是硬件自动置 1 的。

（3）中断响应。

CPU 查询到某中断标志为 1，在满足中断响应条件下响应中断。

（4）执行中断服务程序。

中断服务程序应包含以下几部分：保护现场，执行中断服务程序主题完成相应操作，恢复现场。

（5）中断返回。

在中断服务程序最后，必须安排一条中断返回指令 RETI，当 CPU 执行 RETI 指令后，自动完成下列操作：回复断点地址，开放同级中断，以便允许同级中断源请求中断。

2.1.8.2 单片机 5 大中断源

51 单片机共有以下 5 大中断源。

（1）外部中断 0，中断请求信号由 P3.2 输入。

（2）外部中断 1，中断请求信号由 P3.3 输入。

（3）定时器 / 计数器 0 溢出中断，对外部脉冲计数由 P3.4 输入。

（4）定时器 / 计数器 1 溢出中断，对外部脉冲计数由 P3.5 输入。

（5）串行中断，包括串行接收中断 RI 和串行发送中断 TI。

2.1.8.3 中断系统所涉及的寄存器

51 单片机中涉及中断控制的寄存器有 3 类，分别是：中断请求寄存器，这一类包括 2 个寄存器，即定时和外中断控制寄存器 TCON，串行控制寄存器 SCON；中断允许控制寄存器 IE；中断优先级控制寄存器 IP。

（1）IE——中断允许控制寄存器。

中断允许寄存器用来设定各个中断源的打开和关闭，IE 位于特殊功能寄存器中，字节地址为 A8H，可位寻址。

（2）IP——中断优先级寄存器。

中断优先级寄存器位于特殊功能寄存器中，字节地址为 B8H，可位寻址，用来设定各个中断源属于两个中断中的哪一级，单片机复位时清零。

2.2 51 单片机编译环境

在设计单片机应用系统时，通常分为以下三部分：确定系统总体设计方案、根据方案进行硬件设计、根据设计方案和硬件进行软件设计。总体设计方案是解决问题的思路，它解决方向性的、宏观性的问题。在进行硬件设计时，先确定电子元件的型号，然后根据各种电子元件的使用方法，在 PC 上利用软件绘制电路原理图与 PCB 图，将 PCB 图送工厂生产出 PCB，然后将电子元件在 PCB 上的规定位置焊接好，即完成硬件设计。软件设计即是利用单片机编程软件编写程序，然后将程序下载到单片机中。

2.2.1 Keil C51软件使用

51单片机常用Keil作为编译软件，在Keil中，设计人员通常采用C语言进行编程。我们把在Keil中使用的51单片机的C语言称为C51，C51和以前所学的C语言基本一致，也是由标识符、关键字、数据类型等基本知识构成。

2.2.1.1 标识符和关键字

C51中的标识符用来标识程序中某个对象的名字，由字母、数字或者下画线组成。同时第一个字符必须是字母或者下画线。但是在Keil的编译系统中，将每个标识编译后都自动加上下画线，因此，在Keil中定义标识符时推荐以字母开头。标识符表示的对象可以是函数、常量、变量、数据类型、存储方式和语句等。在编写程序时标识符的长度不要超过32个字符，并且要区分大小写。

关键字是一类具有固定名称和特定含义的特殊标识符，又称为保留字。在Keil中编写程序时，对标识符的命名不能与关键字相同。C51常用的关键字有32个，分为程序语句、存储类型说明、数据类型说明、运算符四种。

2.2.1.2 数据基本类型

C51的基本数据类型由char、int、short、long、float、double等组成，如表2-10所示。但是受51单片机的数据位宽（8位）和数据存储器容量的限制，其数据基本类型数值范围和标准C语言稍有不同。

表2-10　C51基本数据类型

数据类型	长度	取值范围
unsigned char	单字节	0~255
signed char	单字节	−128~127
unsigned int	双字节	0~65535
signed int	双字节	−32768~32767
unsigned long	4字节	$0\sim2^{32}-1$
signed long	4字节	$-2^{31}\sim2^{31}-1$
float	4字节	3.4e-38~3.4e.8
double	8字节	1.7e-308~1.7e308
bit	位	0~1
sfr	单字节	0~255
sfr16	双字节	0~65535
sbit	位	0~1

（1）字符型（char）。

字符型分为unsigned char和signed char两种，其默认值为signed char，为有符号字符型数据。字符型数据类型是C51中和位数据类型一样应用最为广泛的数据类型。

（2）整型（int）。

整型数据分为 unsigned int 和 signed int 两种，其默认值是 signed int，为有符号整型数据，用来存放一个双字节的数据。Keil 中存放整型数据时，按照数据存储器地址递增的顺序，先存放高 8 位数据，再存入低 8 位数据。

（3）浮点型（float）。

浮点型数据占用 4 字节，C51 的浮点型只能接受 7 位有效数字。

（4）位变量（bit）。

用于定义一个位变量，定义后，占用一位的存储空间。注意在 C51 编程中不能把指针定义为位变量形式。

（5）特殊功能寄存器（sfr）。

sfr 用于声明一个 8 位的寄存器，其语句使用格式为，sfr 寄存器名字 = 单片机寄存器地址。寄存器名字必须符合 C51 中标识符的命名规则，一旦声明后，操作新命名的寄存器就等同于操作其对应的单片机硬件部分。

（6）sfr16。

16 位特殊功能寄存器的数据声明，像定时器寄存器 T1 是 16 位寄存器，因此使用时用 sfr16 声明。

（7）位变量声明（sbit）。

声明位变量时使用 sbit。

2.2.1.3 C51 中的运算符

C51 单片机有算术运算符、逻辑运算符、位运算符三种，和标准 C 语言基本一致。

（1）算术运算符。

C51 单片机算术运算符中的加、减、乘法和平时数学上使用的意义一致，但是算术运算符中的除法运算符"/"使用时应注意。如果除数和被除数都是整型或者字符型，得到的商只有整数部分，小数部分丢掉。

（2）逻辑运算符。

逻辑运算符中 >、>=、<、<= 用于测试两个操作数的大小关系，= 运算符用于判断两操作数是否相等。

（3）位运算符。

逻辑与运算符是将两个操作数的每一位都进行与操作，而按位与操作符是将两个操作数作为两个整体进行与运算，如果两个操作数都非零，则结果为 0×01，如果有一个为零，则结果为零。

2.2.1.4 C51 基础语句

表 2-11 列出了 C51 单片机常用的基础语句，这些语句的使用方法和标准 C 语言完全一致。

表2-11　C51基础语句

语句	功能
if	选择语句
while	循环语句
for	循环语句
switch/case	多分支语句
do-while	循环语句

2.2.2 Keil工作环境

Keil 是德国 Kei Software 公司开发的 8051 系列单片机集成软件开发平台，它支持众多不同公司的 MCS51 架构的芯片，集编辑、编译、仿真等功能于一体，同时还支持 PLM，汇编和 C 语言的程序设计，它的界面和常用的微软 VC++ 的界面相似，在调试程序，软件仿真方面也有很强大的功能。

使用 Keil 进行编程与仿真，步骤如下。

安装好软件后，单击桌面快捷方式或者从"开始"/"程序"/"Keil uVision2"启动uVision2 集成工作环境，经过短暂的欢迎画面后，进入图 2-5 所示的初始工作界面。

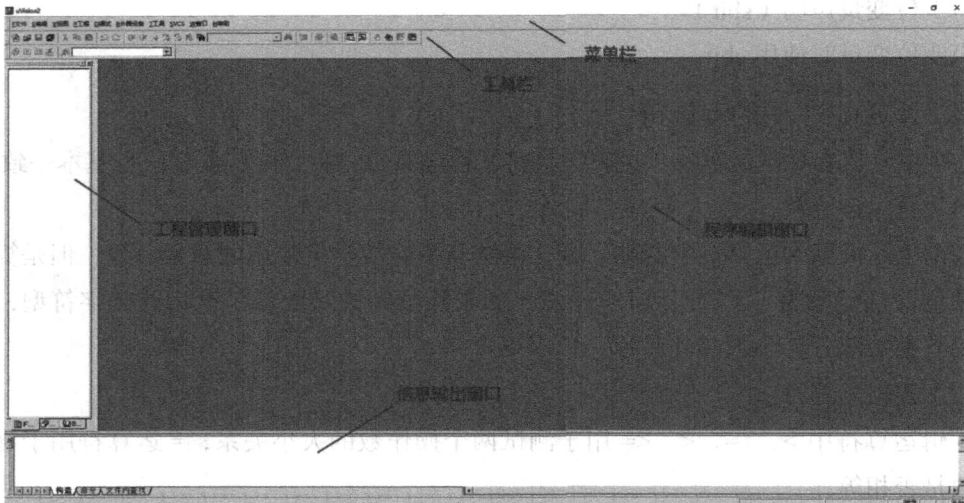

图2-5　Keil初始工作界面

工作初始界面由菜单栏、工具栏、程序编辑窗口、工程管理窗口、信息输出窗口五部分组成。菜单栏内包含着对 Keil 软件进行操作的各种命令，当需要快捷地进行某些操作时，可以点击工具栏内的命令。工程管理窗口可以对每个工程下的文件进行增加、删除等管理操作，源程序编辑在程序编辑窗口进行，而程序编写完毕，编译或者调试时，编译和调试信息将在输出窗口输出。

Keil 是使用工程的方式，而不是单一文件的模式来管理文件的。所有的文件，包括源程序头文件及说明性的文档等，都可以放在工程项目文件中统一管理。概括地说，Keil 环境下的软件开发主要步骤如下所述。

（1）新建工程，主要包括工程项目文件的新建、目标器件的选择等。

（2）新建文件，在该工程下新建程序代码编写文件，并且在该文件中输入源程序。当工程比较大时，可能会在一个工程下新建多个文件。

（3）项目文件的设置，主要包括对目标的设置、输出选项的设置、仿真类型的设置等。

（4）软件编译与链接，检查源程序的语法错误，生成单片机可执行的 .hex 文件。

（5）软件调试，检查设计的程序是否完成了特定功能。

2.2.3 Keil C51 使用方法

下面以新建个项目为例，详细讲解 Keil 软件开发的完整流程。

2.2.3.1 新建工程

（1）启动 Keil 后，鼠标左键单击菜单栏的"Project / New project"，弹出如图 2-6 所示的保存新建工程文件对话框。

（2）在如图 2-6 所示的对话框中选择保存项目文件的路径，在"文件名"文本框输入项目的名称 exam2，注意保存类型为 .uv2。

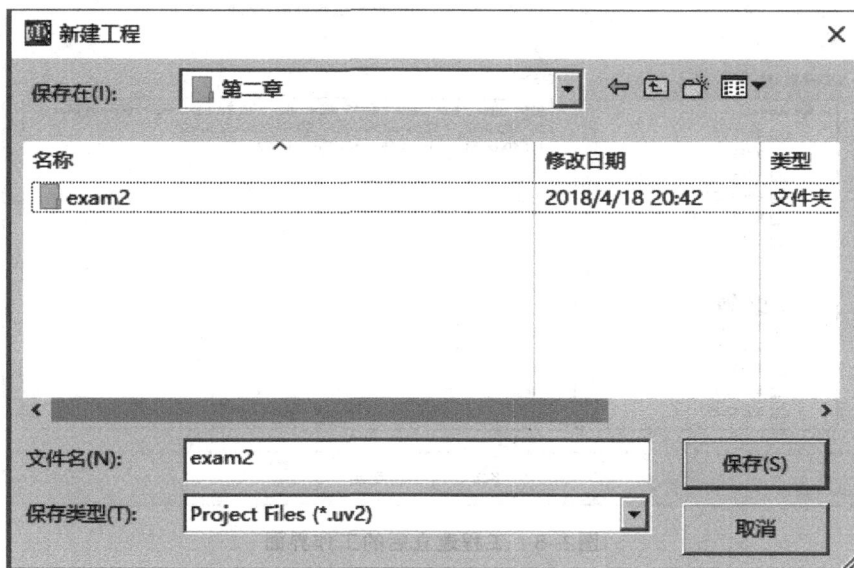

图2-6 保存新建工程文件对话框

（3）单击图 2-6 中的"保存"按钮后，会弹出如图 2-7 所示的对话框，该对话框用于选择所用的单片机类型，Keil 几乎支持所有的 51 内核。单击 Atmel 中的 89C52，单击"确定"按钮。

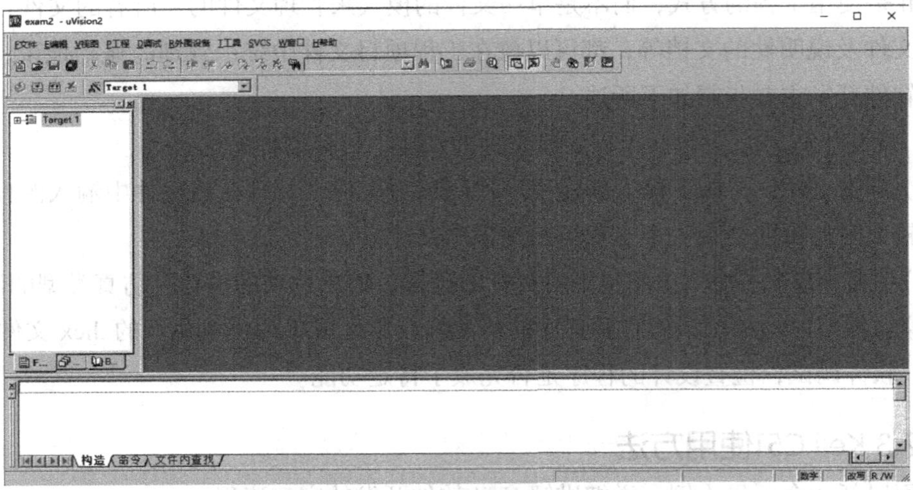

图2-7　选择单片机型号对话框

至此，一个新的项目文件创建完成，工作界面变为如图 2-8 所示。此时的项目文件只是一个空壳，里面还没有任何源代码，因此下一步要新建源代码文件。

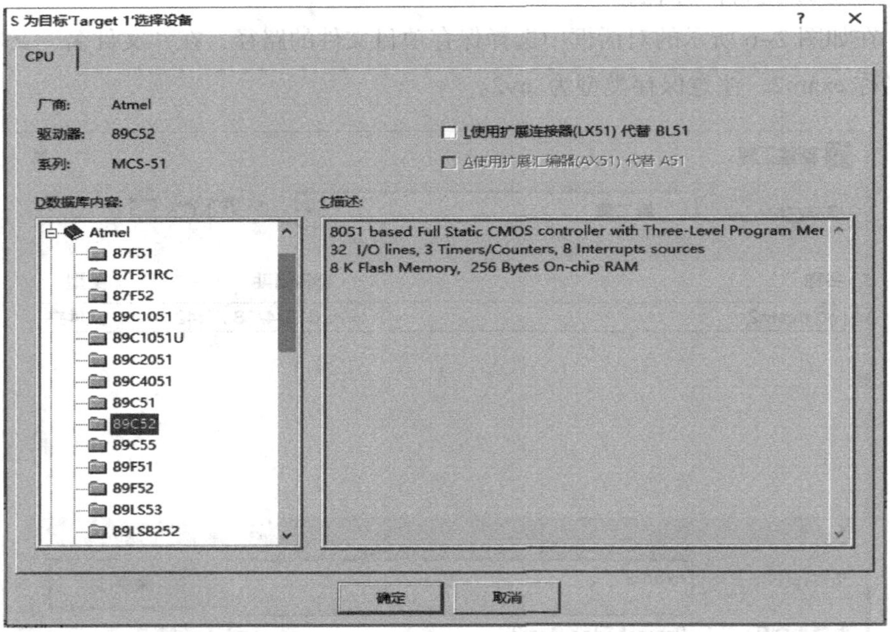

图2-8　工程建立后的工作界面

2.2.3.2 新建 C 语言文件

（1）单击图 2.2.4 菜单栏中的"File/New"命令，弹出如图 2-9 所示的空白程序编辑文本框。

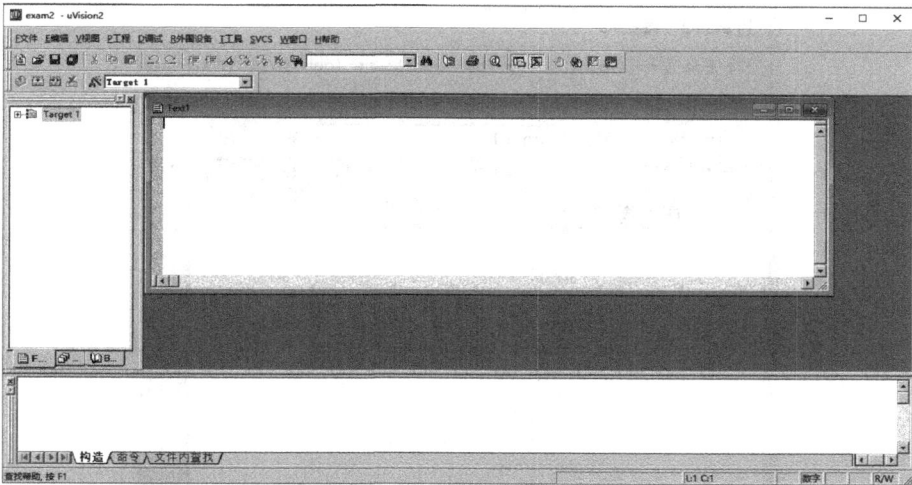

图2-9　弹出空白程序编辑文本框后的界面

（2）选择 "File / New" 命令，弹出如图 2-10 所示的文件保存对话框。在该对话框中选择要保存的路径，一般保存路径和刚才新建工程的保存路径相同，这样便于文件管理，不相同也没有关系。在 "文件名" 文本框中输入文件名。

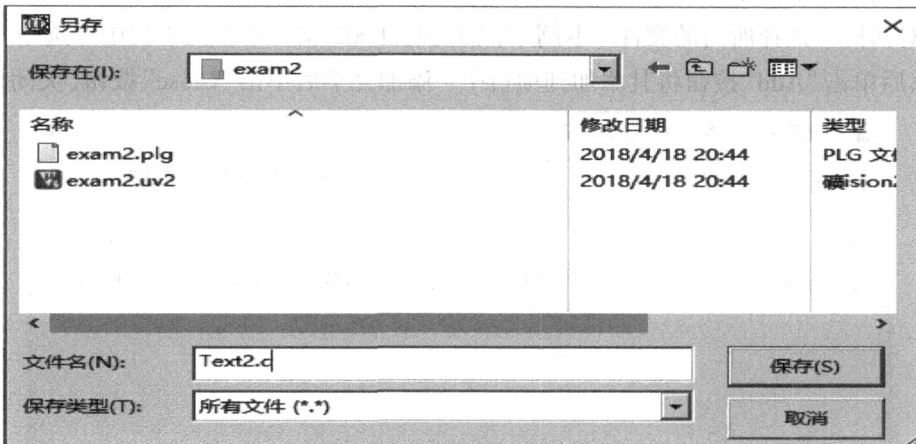

图2-10　保存文件

文件名必须加上后缀，由于准备使用的语言是 c 语言，文件后缀名为 .c，如果是汇编语言，后缀名为 .asm，这一点请切记。单击 "保存" 按钮，完成 C 语言文件的建立。此时，虽然新建了一个项目文件，也新建了源代码文件，但项目文件和源代码文件还没什么关系，下面需要将源代码文件加入项目文件中。

（3）单击图 2-9 中 Target 前面的 "+" 号，展开里面的内容 Source Group1，用右键单击 "Source Group1"，弹出如图 2-11 所示的菜单。

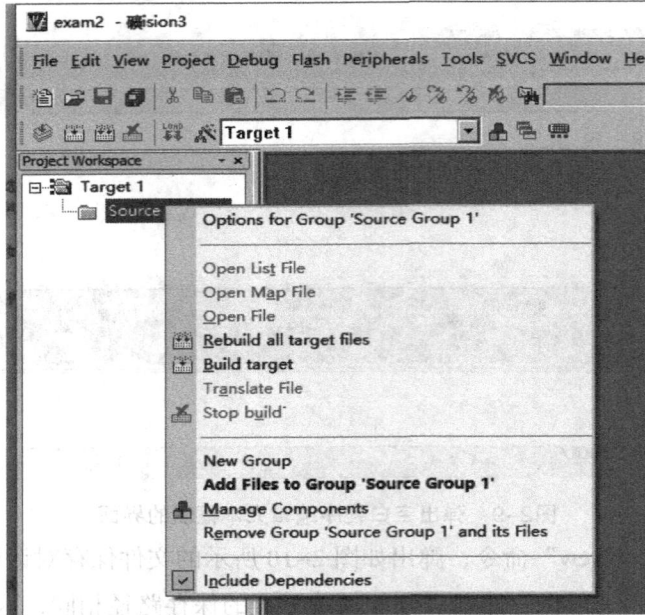

图2-11　右键单击"Source Groupl"弹出的菜单

（4）在弹出的快捷菜单中，单击 Add Files to Group "SourceGroupl"选项，弹出如图 2-12 所示的对话框。选择所需的文件，本例中，需要将 Text2 文件添加到项目中。选中"Text2"文件，然后单击"Add"按钮将其添加到项目中。添加完毕后单击"Close"按钮，关闭该窗口。

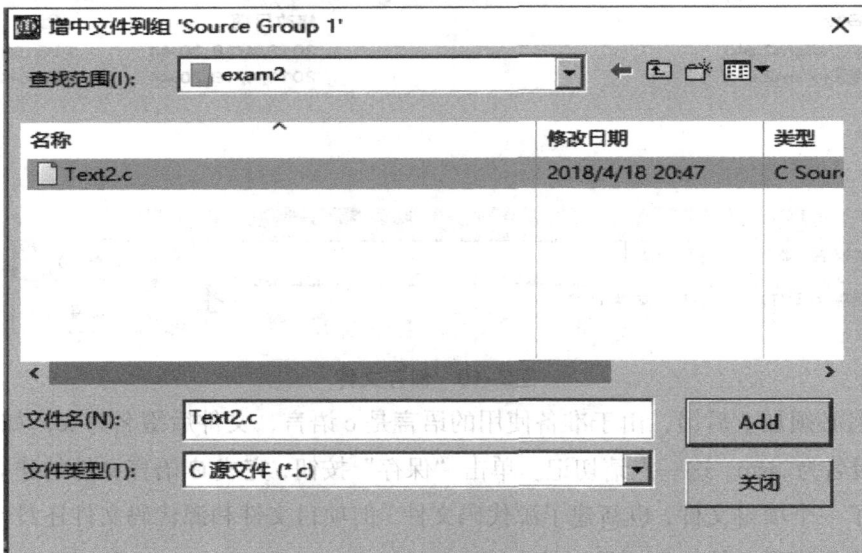

图2-12　选中文件后的对话框

至此，完成将"Text2"文件添加到新建的 exam2 工程中，此时的工作界面如图 2-13 所示，下面就可以在"Text2"文件中输入程序。

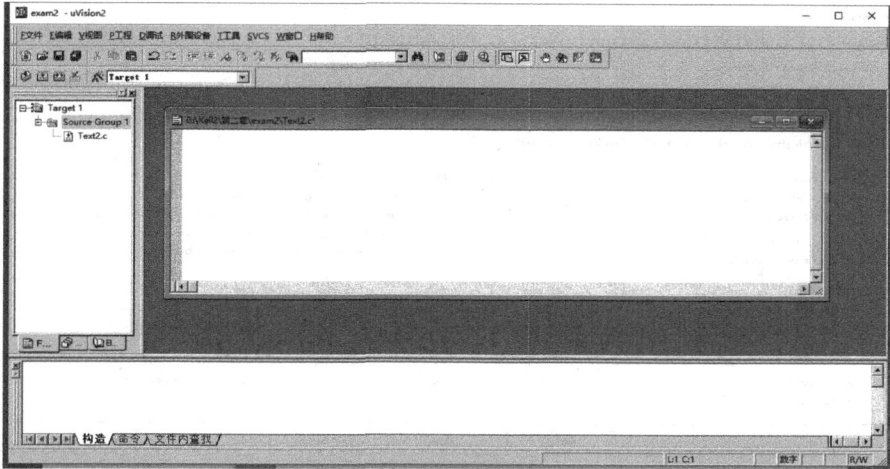

图2-13　项目创建完成后的工作界面

2.2.3.3 编写源程序

（1）在 text2.c 中输入如下程序。

```
#include<reg52.h>
sbit led1-=P2^6;
void main( )
{
led1=0;
}
```

输入之后，单击工具栏中的保存按钮进行保存，工作界面变成如图 2-14 所示。

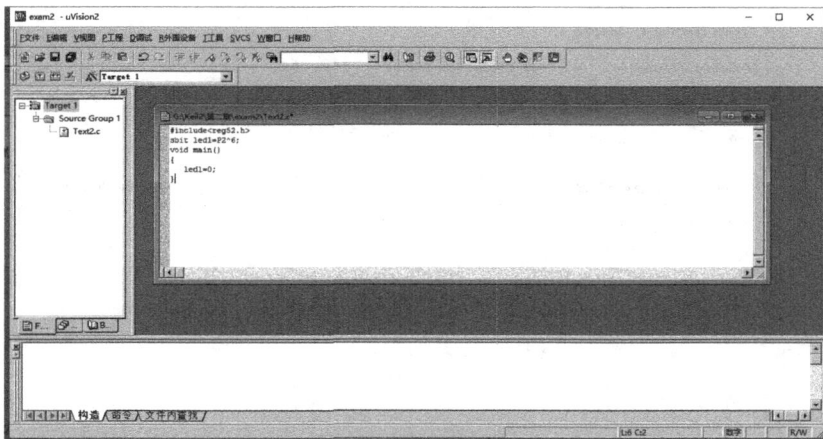

图2-14　输入程序后的工作界面

（2）单击图 2-14 菜单栏中的"View/option"命令，弹出如图 2-15 所示的对话框，该对话框用于设置程序编辑区的文字大小和界面颜色，读者可以根据自己的需要灵活设置。

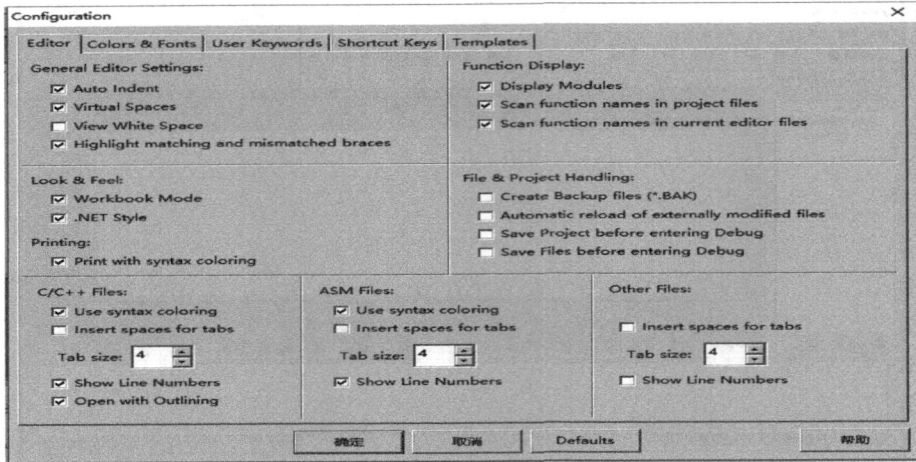

图2-15　程序编辑区文字大小和背景颜色设置界面

2.2.3.4 编译源程序

源程序编译的目的是将编写的 C 语言程序转换为单片机能识别的机器代码。

（1）右键单击图 2-14 中"Target1"，弹出如图 2-16 所示的菜单。

（2）选择"Options for Group Souce Group1"弹出如图 2-17 所示界面，单击其中的"output"选项，在该选项中选中"Creat HEX"和"Browse Information"，这两个选项可以让源程序在编译的过程中生产 .hex 文件和输出编译信息。单击"确定"按钮，完成编译设置。

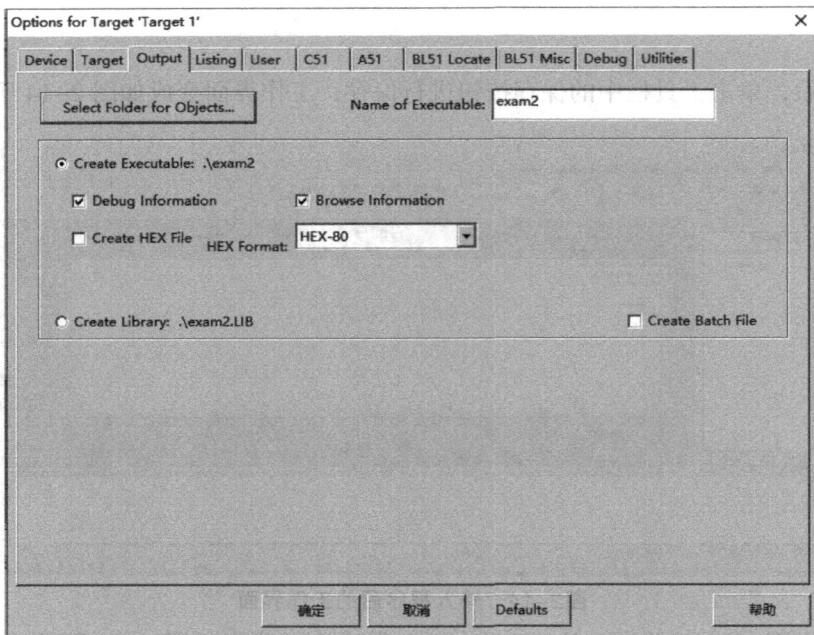

图2-16　右键单击"Options for Group Souce Group1"菜单

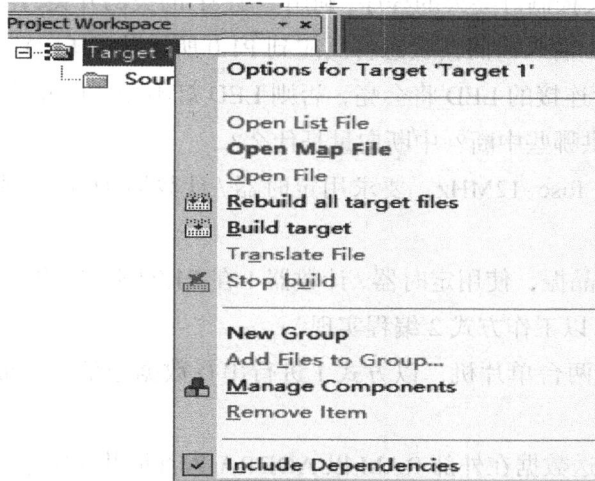

图2-17　修改编译输出信息界面

（3）单击图 2-16 工具栏中的编译图标，编译 Text2.c，生成 Text2.hex 文件，在输出文件信息栏中可以看到文件编译信息，如图 2-18 所示。将 text2.hex 文件载入单片机，单片机即可执行刚才编写的程序。

```
Build target 'Target 1'
compiling Text1.c...
TEXT1.C(5): warning C275: expression with possibly no effect
linking...
Program Size: data=9.0 xdata=0 code=16
"exam2" - 0 Error(s), 1 Warning(s).
```

图2-18　编译输出信息

至此，一个完整的工程建立、文件新建、源程序编写、编译流程就走完了，我们就可以基本使用 Keil 软件了。Keil 软件其他区域的用途，可以在学习使用单片机的过程中不断摸索和体会。

2.3 习题

（1）试设计一个能让 8x51 正常工作的基本电路。

（2）若在程序里引用 8051 的中断功能，在 Keil uVision3 环境里进行调试时，如何进行中断功能的仿真？

（3）试编写一个约 1s 的延迟函数。

（4）设计一个霹雳灯程序，"霹雳灯"是指在一排 LED（在此使用 8 个），任何一个时间只有一个 LED 亮，而亮灯的顺序为由左向右再由右向左，感觉上就像一个 LED 由左跑到右再从右跑到左。

（5）设计拨码开关控制灯亮灭的程序，利用一个 8P 的拨码开关，用来控制 8 个 LED 灯。拨码开关的状态由 P2 输入，而其状态将反应到 P1.0 所连接的 LED 上。若 P2.0 所连接的开关合上，则 P1.0 所连接的 LED 将会亮，否则 LED 灯不亮。以此类推。

（6）MCS-51 提供哪些中断？中断向量是什么？

（7）设单片机的 fosc=12MHz，要求用定时器 / 计数器 T0 以方式 1 在 P1.0 脚上输出周期为 4ms 的方波。

（8）采用 6MHz 晶振，使用定时器 / 计数器 1 在 P1.0 脚上输出周期为 100ms，占空比为 30% 的矩形脉冲，以工作方式 2 编程实现。

（9）假定甲、乙两台单片机，以方式 1 进行串行数据通信，其波特率为 1200，晶振频率为 11.0592MHz。

①甲机发送：发送数据在外部 RAM 以 ADDRA 为首址共 128 字节的单元中；

②乙机接收：把接收到的 128 字节的数据，顺序存放在以 ADDRB 为首址的外部 RAM 中。

（10）简易电子琴。在此要制作一个八键的电子琴，若按 S1，则发出中音的 Do，若按 S2，则发出中音的 Re，以此类推。

第3章　PIC单片机

3.1 PIC单片机介绍

PIC 单片机（Peripheral Interface Controller）是一种用来开发和控制外围设备的集成电路（IC），另一种具有分散作用（多任务）功能的 CPU，有计算功能和记忆内存，像 CPU 并由软件控制运行。本章主要介绍 PIC18F452 单片机。

3.1.1 PIC18F452单片机体系结构

3.1.1.1 PIC18F452 单片机特点

（1）优化的 C 语言编译器架构 / 指令集。

（2）程序存储器线性寻址达 32KB。

（3）数据存储器线性寻址达 1.5KB。

（4）高达 10MIPS 的操作。

（5）16 位宽的指令总线，8 位宽的数据总线。

（6）中断优先级。

（7）8×8 单周期硬件乘法器。

（8）高灌电流 / 拉电流 25mA/25mA。

（9）3 个外部中断引脚。

（10）4 个定时器 / 计数器模块。

（11）两个捕捉 / 比较 /（PWMCCP）模块。

（12）主同步串行口模块。

（13）兼容的 10 位模数转换器模块（A/D）。

（14）带有独立的片内 RC 振荡器的看门狗定时器。

（15）低功耗高速闪存 /EPROM 技术。

（16）宽工作电压范围 (2.0~5.5V)。

3.1.1.2 PIC18F452 单片机引脚功能

P1C18F452 的内部逻辑结构图如图 3-1 所示。它集成了中央处理器 (CPU)、存储器

(RAM 和 ROM)、硬件乘法器、定时器、并行 I/O 口、串行接口、中断系统、A/D 转换器等。它们通过内部总线紧密地联系在一起。采用通过 CPU 加上外围芯片的总线结构，只是在功能部分的控制上与一般微机的通用寄存器加接口寄存器控制不同，CPU 与外设的控制不再分开，采用特殊功能寄存器集中控制，使用更方便。其中内部还集成了时钟电路，只需要外接晶振就可形成时钟。

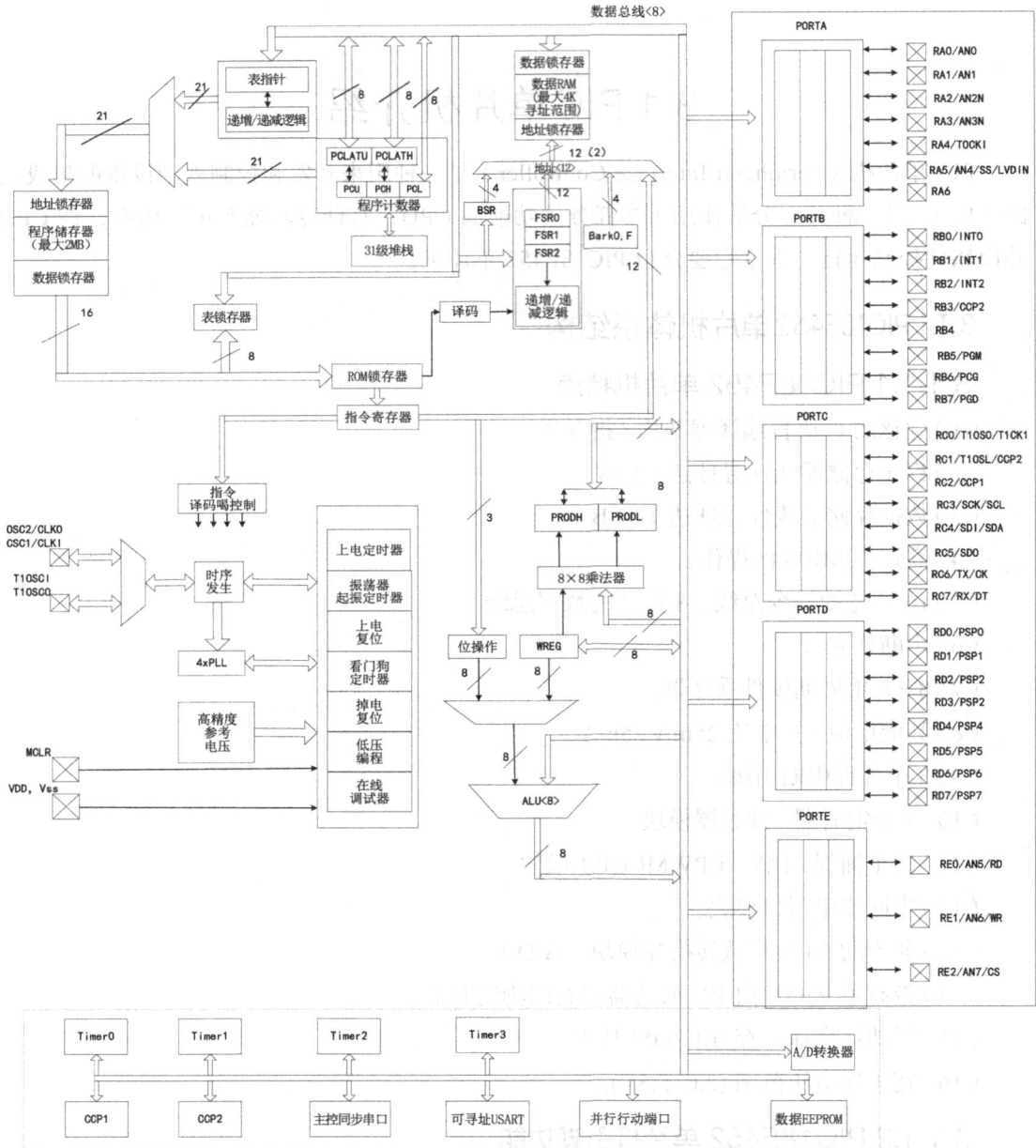

图3-1　PIC18F452的内部逻辑结构图

　　图 3-2 为 PIC18F452 单片机的引脚图 (双列直插式 DIP 封装)，表 3-1 描述了各个引脚的功能。

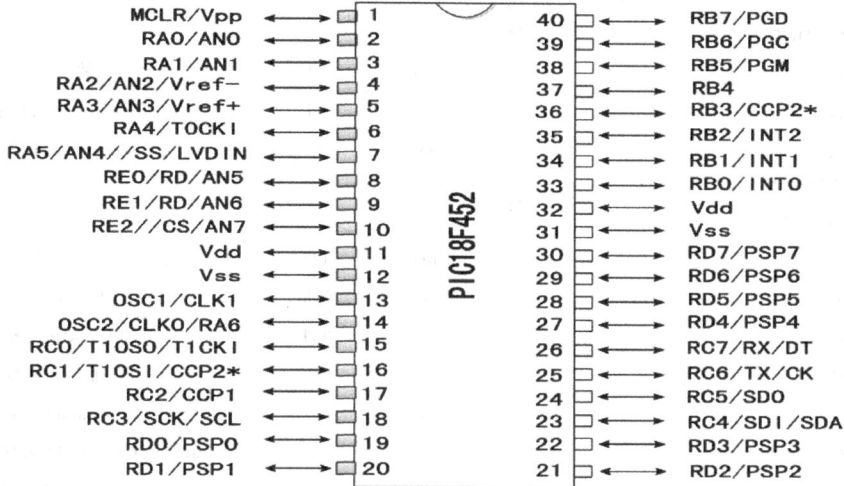

图3-2　PIC18F452单片机引脚图

表3-1　PIC18F45引脚功能

引脚名称	引脚号			引脚类型	缓冲器类型	说明
	PDIP	QFN	TQFP			
						PORAT 是双向 I/O 端口
RA0/AN0	2	19	19			
RA0				I/O	TTL	数字 I/O
AN0				I	模拟	模拟输入 0
RA1/AN1	3	20	20			
RA1				I/O	TTL	数字 I/O
AN1				I	模拟	模拟输入 1
RA2/AN2/ VREF-/ CVREF	4	21	21			
RA2				I/O	TTL	数字 I/O
AN2				I	模拟	模拟输入 2
VREF				I	模拟	A/D 参考电压（低电平）输入
CVREF				O	模拟	比较器参考电压输出
RA3/AN3/ VREF+	5	22	22			
RA3				I/O		
AN3				I	模拟	模拟输入 3
VREF+				I	模拟	A/D 参考电压（高电平）输入

续表

引脚名称	引脚号			引脚类型	缓冲器类型	说明
	PDIP	QFN	TQFP			
RA4/T0CK1/C1OUT	6	23	23			
RA4				I/O	ST	数字 I/O
T0CK1				I	ST	Timer0 外部时钟输入
C1OUT				O	—	Comparator1 输出
RA5/AN4/SS/HLVDIN/ C2OUT	7	24	24			
RA5				I/O	TTL	数字 I/O
AN4				I	模拟	模拟输入 4
SS				I	TTL	SPI 从动选择输入
HLVDIN				I	模拟	高 / 低压检查输入
C2OUT				O	—	Comparator2 输入
RA6						请参见 OSC2/CLK0/RA6 引脚信息
RA7						请参见 OSC1/CLK1/RA7 引脚信息
						PORTB 是双向 I/O 端口，可以软件编程为内部弱上拉
PB0/INT0/ FLT0/AN12	33	9	8			
PB0				I/O	TTL	数字 I/O
INT0				I	ST	外部中断 0
FLT0				I	ST	增强型 cpp1 模块 PWM 错误输入
AN12				I	模拟	模拟输入 12
RB1/INT1/ AN10	34	10	9			
RB1				I/O	TTL	数字 I/O
INT1				I	ST	外部中断 1
AN10				I	模拟	模拟输入 10
RB2/INT2/ AN8	35	11	10			
RB2				I/O	TTL	数字 I/O
INT2				I	ST	外部中断 2
AN8				I	模拟	模拟输入 8
RB3/AN9/ CCP2	36	12	11			
RB3				I/O	TTL	数字 I/O
AN9				I	模拟	模拟输入 9
CCP2				I/O	ST	Capture2 输入 /compare2 输出 /PWM2 输出
RB4/KBI0/ AN11	37	14	14			
RB4				I/O	TTL	数字 I/O

引脚名称	引脚号			引脚类型	缓冲器类型	说明
	PDIP	QFN	TQFP			
KBI0				I	TTL	电平变化中断引脚
AN11				I	模拟	模拟输入 11
RB5/KBI1/ PGM	38	15	15			
RB5				I/O	TTL	数字 I/O
KBI1				I	TTL	电平变化中断引脚
PGM				I/O	ST	低压 ICSP 编程使能引脚
RB6/KBI2/ PGC	39	16	16			
				I/O	TTL	数字 I/O
				I	TTL	电平变化中断引脚
				I/O	ST	在线调试器和 ICSP 编程时钟引脚
RB7/KBI3/ PGD	40	17	17			
				I/O	TTL	数字 I/O
				I	TTL	电平变化中断引脚
				I/O	ST	在线调试器和 ICSP 编程时钟引脚
RC0/T1OSO/T13CKI	15	34	32			PORTC 是双向 I/O 端口
RC0				I/O	TTL	数字 I/O
T1OSO				O	TTL	Timer1 振荡器输入
T13CKI				I/O	ST	Timer1/Timer3 外部时钟源输入
RC1/T1SOI/CCP2	16	35	35			
RC1				I/O	ST	数字 I/O
T1SOI				I	CMOS	Timer1 振荡器输入
CCP2				I/O	ST	Capture2 输入 /Capture2 输出 /PWM2 输出
RC2/CPP1/ P1A	17	36	36			
RC2				I/O	ST	数字 I/O
CPP1				I/O	ST	Capture1 输入 /Capture1 输出 /PWM1 输出
P1A				O	—	增强型 CPP1 输出
RC3/SCK/ SCL	18	37	37			
RC3				I/O	ST	数字 I/O
SCK				I/O	ST	SPI 模式同步串行时钟输入 / 输出
SCL				I/O	ST	IC 模式同步串行时钟输入 / 输出
RC4/SDI/ SDA	23	42	42			
RC4				I/O	ST	数字 I/O
SDI				I	ST	SPI 数据输入
SDA				I/O	ST	PC 数据 I/O

引脚名称	引脚号			引脚类型	缓冲器类型	说明
	PDIP	QFN	TQFP			
RC5/SD0	24	43	43			
				I/O	ST	数字 I/O
				O	—	SPI 数据输入
RC6/TX/CK						
RC6				I/O	ST	数字 I/O
TX				O	—	EUSART 异步发送
CK				I/O	ST	EUSART 同步时钟
RC7/RX/DT	26	1	1			
RC7				I/O	ST	数字 I/O
RX				I	ST	EUSART 异步接收
DT				I/O	ST	EUSART 同步数据
						PORTD 是双向 I/O 端口，当使能 PSP 模块时，这些引脚带有 TTL 输入缓冲器
RD0/SPS0	19	38	38			
RD0				I/O	ST	数字 I/O
SPS0				I/O	TTL	并行从动端口数据
RD1/SPS1	20	39	39			
RD1				I/O	ST	数字 I/O
SPS1				I/O	TTL	并行从动端口数据
RD2/SPS2	21	40	40			
RD2				I/O	ST	数字 I/O
SPS2				I/O	TTL	并行从动端口数据
RD3/SPS3	22	41	41			
RD3				I/O	ST	数字 I/O
SPS3				I/O	TTL	并行从动端口数据
RD4/SPS4	27	2	2			
RD4				I/O	ST	数字 I/O
SPS4				I/O	TTL	并行从动端口数据
RD5/SPS5/ PIB	28	3	3			
				I/O	ST	数字 I/O
				I/O	TTL	并行从动端口数据
				O	—	增强型 CPP1 输出
RD6/SPS6/ PIC	29	4	4			
RD6				I/O	ST	数字 I/O

注：TTL=TTL 兼容输入；CMOS=CMOS 兼容输入输出；ST=CMOS 电平的施密特触发器输入；I= 输入；O= 输出；P= 电源。

3.1.2 PIC18F452单片机最小系统

3.1.2.1 最小系统概念

单片机最小系统，或者称为最小应用系统，是指用最少的元件组成的单片机可以工作的系统。

3.1.2.2 最小系统组成

单片机最小系统由电源、复位电路、晶振电路等组成。其中电源为单片机工作提供所需电源，复位电路的作用是实现硬件复位，程序从头开始执行，晶振电路是为单片机提供晶振信号。图 3-3 是 PIC18F452 的最小系统原理图，晶振电路中的电容值取 30pF，复位电路中的上拉电阻取 1K。

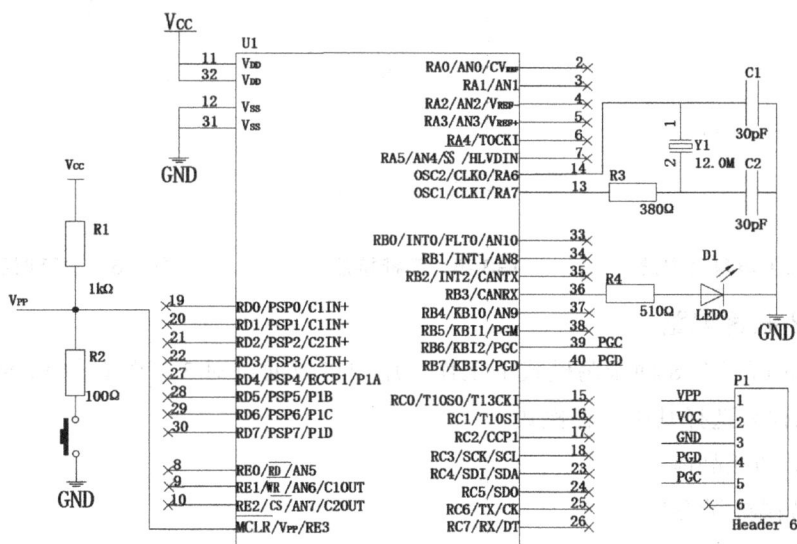

图3-3　PIC18F452最小系统原理图

3.1.3 复位电路、振荡电路及时钟电路

3.1.3.1 复位电路

为确保微机系统中电路稳定可靠工作，复位电路是必不可少的一部分，PIC18F452 单片机有以下几种复位方式。

（1）上电复位（POR）。

（2）正常工作状态下的 MCLR 复位。

（3）休眠状态下的 MCLR 复位。

（4）看门狗定时器（WDT）复位（正常工作状态下）。

（5）可编程的欠压复位（BOR）。

（6）RESET 指令。

（7）堆栈满复位。

（8）堆栈下溢复位。

常见的复位有两种，为外部上电复位和外部开关人工复位。外部上电复位电路如图 3-4 所示，需要注意的是，只有当 VDD 上电速率过慢时，才需要外部上电复位电路。当 VDD 掉电时，二极管 D 使电容迅速放电。外接复位开关可以和外接延时复位电路统筹考虑，将两者的功能有机地融合在一起，电路的连接方法如图 3-5 和图 3-6 所示。

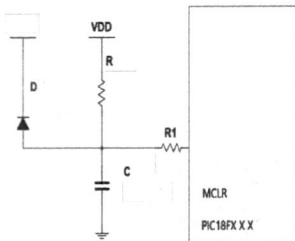

图3-4　外部上电复位电路　　　图3-5　简捷接法　　　图3-6　加延时和去抖

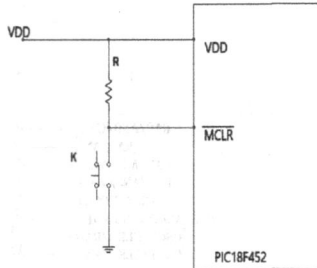

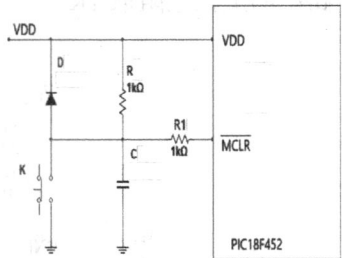

3.1.3.2 振荡电路

PIC18F45 可以在 8 种振荡模式下工作。用户可以通过对 3 个配置位 FOSC2、FOSC1 和 FOSCO 编程来选择其中一种模式。

（1）LP 低功耗晶体。

（2）XT 晶振 / 谐振器。

（3）HS 高速晶体 / 谐振器。

（4）HS+PLL 高速晶体 / 谐振器，允许使用锁相环。

（5）RC 外部电阻 / 电容振荡模式。

（6）RCIO 外部电阻 / 电容振荡模式，使用 I/O 引脚。

（7）EC 外部时钟振荡模式。

（8）ECIO 外部时钟振荡模式，使用 I/O 引脚。

单片机内部有单独的振荡电路部分，为了得到稳定精准的频率，一般情况下需要外接一个晶振，它是一个被动器件，外接上就可以了，与内部电路相连就可以正常工作，产生外接晶振标定频率的振荡频率，提供给单片机内部时序。

在 XT、LP.HS 或 HS+PLL 振荡模式下，OSC1 和 OSC2 引脚连接一个谐振器以产生振荡。PIC18F452 振荡器的设计要求是使用一个平行切割的晶体。引脚连接方式如图 3-7 所示。

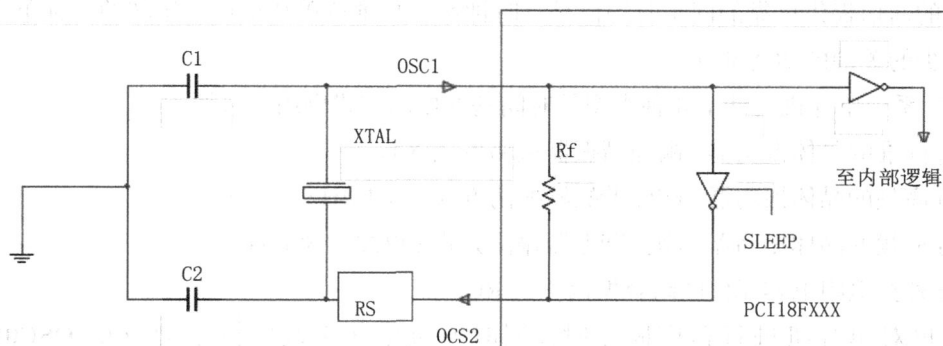

图3-7 振荡电路连接图

RC 振荡器频率是电源电压、电阻 (REXT)、电容 (CEXT) 和工作温度的函数。由于正常的制造工艺参数的差异，每个器件的振荡频率也会有所不同。而不同封装的引线，其电容不同，也会影响振荡频率，特别是在 CEXT 值较小时。用户还需要考虑由于外接电阻 R 和电容 C 的公差所带来的影响。图 3-8 显示了如何外接 RC 电路。

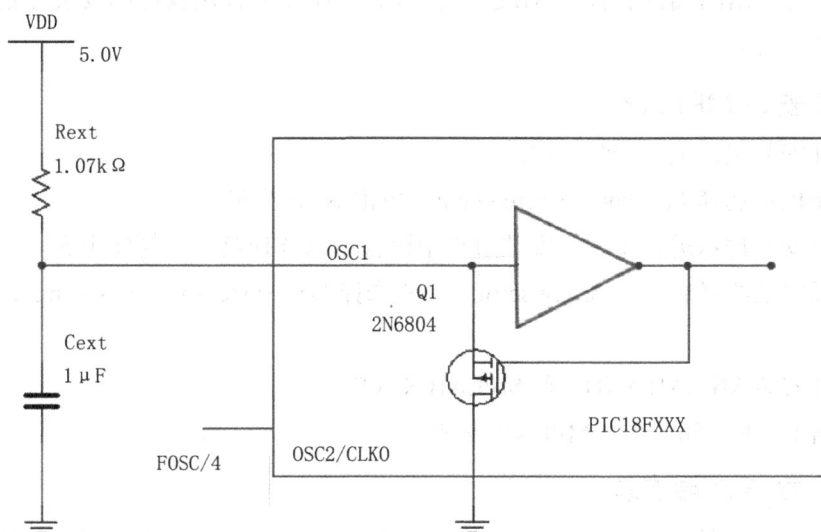

图3-8 外接RC电路

3.1.3.3 时钟系统

单片机内部的各种功能电路绝大多数是数字电路构成，而数字电路的工作过程离不开时钟脉冲信号，即时间基准信号。每一步细微动作都是在一个共同的时间基准信号驱动下完成的。作为时间基准发生器的时钟振荡电路，为整个单片机芯片内部各电路的工作提供系统时钟信号；也为单片机与其他外接芯片之间的通信以及与其他数字系统或者计算机状态之间的通信提供可靠的同步时钟信号。时钟系统是维持单片机正常运转的一种单片机内必不可少的关键的功能部件。

PIC 系列单片机设计了 4 种类型的时间基准振荡方式供用户选择。

(1) 标准的晶体振荡器 / 陶瓷谐振器振荡方式 XT。

(2) 高频的晶体振荡器 / 陶瓷谐振器振荡方式 HS(4MHz 以上)。

(3) 低频的晶体振荡器 / 陶瓷谐振器振荡方式 LP(32.768kHz)。

(4) 外接电阻电容元件的阻容振荡方式 RC。

用户对单片机进行程序固化时，同时通过定义系统配置字的位 0(FOSC0) 和位 1(FOSC1)，来选定其中的一种振荡方式。用户选取振荡方式的依据可以是单片机应用系统的性能要求、价格要求、应用场合等因素。

3.2 PIC单片机编译环境

3.2.1 编译环境的安装

PIC 单片机使用的编译软件是 MPLAB，本节将详细讲解该软件的安装方法，使读者能够轻松地学会安装。

3.2.1.1 安装 MPLAB

（1）打开安装包，进入安装程序。

（2）按照提示选择 I accept the agreement，单击 Next 按钮。

（3）按照安装提示进行安装，安装过程中语言可以选择英文或简体中文。

（4）选择安装路径后，在 proxy setting 一栏选择 Use System Proxy Settings，单击 Next 按钮。

（5）选择安装 MPLAB X IDE 和 MPLAB X IPE。

（6）单击 finish 按钮，完成 MPLAB 安装。

3.2.1.2 安装 C 编译器

（1）打开安装文件 xc8-v1.45-full-install-windows-installer.exe，进入安装环境，按照提示进行安装。

（2）在安装过程中，选择安装路径，当第一次安装 MPLAB C18 时，默认的安装目录是 C:\Program Files (x86)\Microchip\xc8\v1.45。如果是安装升级程序，安装程序则会把默认安装目录设置为上次安装时的目录。在升级时，所选的安装目录必须是上次安装或升级时的安装目录。指定目录后请单击 Next 按钮。

（3）为系统选择具体的 xc8 配置选项，如图 3-9 所示。

（4）在 Installation Complete 对话框中单击 Finish 按钮。为使 MPLAB C18 能正常运行，可能需要重新启动计算机。如果出现了 Restart Computer 对话框，可选择 Yes 立即重新启动计算机，或选择 No，再重新启动计算机。

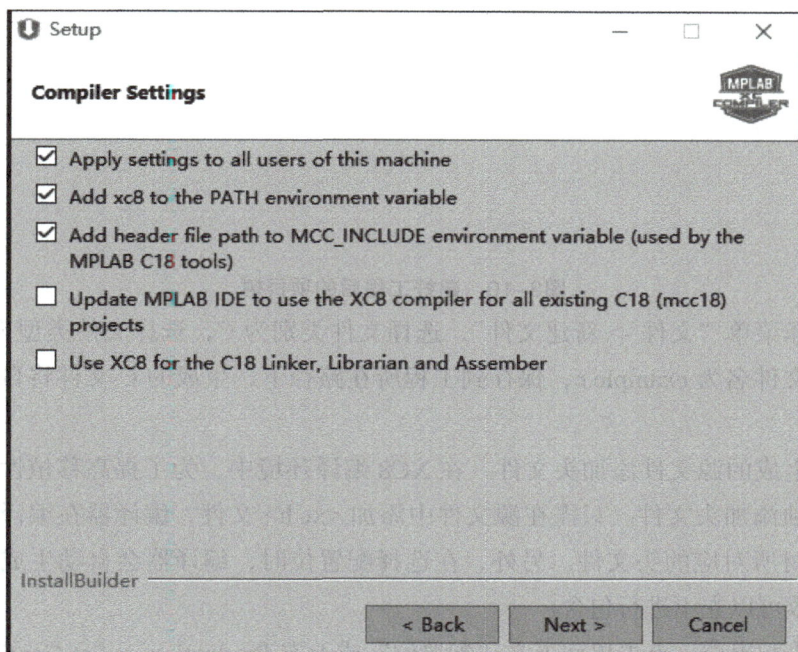

图3-9　MPLAB C18 配置选项

3.2.2 创建工程

本节将详细介绍使用 MPLAB 创建工程的方法。

（1）新建一个文件夹，假设本项设计的文件夹名为 MY_PROJECT，路径为 D:\MYPROJECT。

（2）打开 MPLAB，选择"文件 -> 新建项目"，选择项目类别为 Microchip 嵌入式 -> 独立项目。

（3）选择项目器件系列为 Advanced 8-bit MCUs (PIC18)，选择具体器件为 PIC18F452。

（4）选择调试工具，以 Pickit3 为例。也可选择其他配套的调试工具。

（5）选择编译器，以 XC8 (v1.45) 为例，也可选择其他配套编译器。

（6）选择项目名称与项目路径（注意：项目名称与路径中不能出现中文），点击"完成"，完成新建项目。建好工程后会出现项目树，如图 3-10 所示，每种类型项目文件对应一个分支。

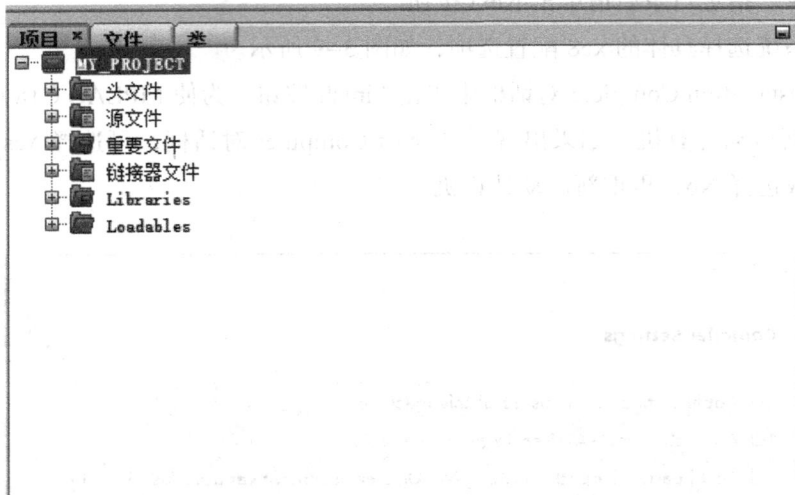

图3-10　建好工程后的项目树

（7）选择菜单"文件 -> 新建文件"，选择文件类别为 C，选择文件类型为 C 源文件。编辑后保存文件名为 example.c，保存到工程所在路径下，生成的 C 文件将自动与当前项目进行关联。

（8）为生成的源文件添加头文件。在 XC8 编译环境中，为了提高移植性，不需要为特定器件单独添加头文件。只需在源文件中添加 <xc.h> 文件，编译器在编译时能够自动寻找当前器材所对应的头文件。另外，在选择配置位时，编译器会自动生成包含 <xc.h> 的源代码，故可以先不进行包含。

（9）修改配置位。点击界面下方"配置位"或上方 Production -> Set Configuration Bits 选项。接下来，为 Address 为"300001"的"Option"选择"HS"，Address 为"300002"、"300003"、"300006"中的"ON"项用"OFF"代替，配置位配置完毕，操作完成后配置位如图 3-11 所示。点击"输出生成源代码"，将生成的源代码复制到之前新建的源文件中。

Address	Name	Value	Field	Option	Category	Setting
300001	CONFIG1H	27	OSC	HS	Oscillator Selection bits	RC oscillator w/ OSC2 configured as RA6
			OSCS	OFF	Oscillator System Clock Switch Enable bit	Oscillator system clock switch option is disabled (main oscillator is source)
300002	CONFIG2L	0F	PWRT	OFF	Power-up Timer Enable bit	PWRT disabled
			BOR	ON	Brown-out Reset Enable bit	Brown-out Reset enabled
			BORV	20	Brown-out Reset Voltage bits	VBOR set to 2.0V
300003	CONFIG2H	0F	WDT	ON	Watchdog Timer Enable bit	WDT enabled
			WDTPS	128	Watchdog Timer Postscale Select bits	1:128
300005	CONFIG3H	01	CCP2MUX	ON	CCP2 Mux bit	CCP2 input/output is multiplexed with RC1
300006	CONFIG4L	80	STVR	OFF	Stack Full/Underflow Reset Enable Bit	Stack Full/Underflow will not cause RESET
			LVP	OFF	Low Voltage ICSP Enable bit	Low Voltage ICSP disabled
300008	CONFIG5L	0F	CP0	OFF	Code Protection bit	Block 0 (000200-001FFFh) not code protected
			CP1	OFF	Code Protection bit	Block 1 (002000-003FFFh) not code protected
			CP2	OFF	Code Protection bit	Block 2 (004000-005FFFh) not code protected
			CP3	OFF	Code Protection bit	Block 3 (006000-007FFFh) not code protected
300009	CONFIG5H	C0	CPB	OFF	Boot Block Code Protection bit	Boot Block (000000-0001FFh) not code protected
			CPD	OFF	Data EEPROM Code Protection bit	Data EEPROM not code protected
30000A	CONFIG6L	0F	WRT0	OFF	Write Protection bit	Block 0 (000200-001FFFh) not write protected
			WRT1	OFF	Write Protection bit	Block 1 (002000-003FFFh) not write protected
			WRT2	OFF	Write Protection bit	Block 2 (004000-005FFFh) not write protected
			WRT3	OFF	Write Protection bit	Block 3 (006000-007FFFh) not write protected
30000B	CONFIG6H	E0	WRTC	OFF	Configuration Register Write Protection bit	Configuration registers (300000-3000FFh) not write protected
			WRTB	OFF	Boot Block Write Protection bit	Boot Block (000000-0001FFh) not write protected
			WRTD	OFF	Data EEPROM Write Protection bit	Data EEPROM not write protected
30000C	CONFIG7L	0F	EBTR0	OFF	Table Read Protection bit	Block 0 (000200-001FFFh) not protected from Table Reads executed in other blocks
			EBTR1	OFF	Table Read Protection bit	Block 1 (002000-003FFFh) not protected from Table Reads executed in other blocks
			EBTR2	OFF	Table Read Protection bit	Block 2 (004000-005FFFh) not protected from Table Reads executed in other blocks
			EBTR3	OFF	Table Read Protection bit	Block 3 (006000-007FFFh) not protected from Table Reads executed in other blocks
30000D	CONFIG7H	40	EBTRB	OFF	Boot Block Table Read Protection bit	Boot Block (000000-0001FFh) not protected from Table Reads executed in other blocks

图3-11　修改配置位

3.2.3 编译和调试

3.2.3.1 编译与调试方法

选择"Production -> 编译主项目"或者直接单击编译快捷按钮，编译和链接项目。若有任何错误或警告消息，将会显示在 Output(输出) 窗口中，双击该文字可以弹出对应的错误位置，方便调试。如果编译结果正确，则会提示"编译已成功"。

3.2.3.2 用 MPLAB SIM 软件模拟器进行调试

(1) 利用 MPLAB SIM 软件模拟器可以在源代码中设置断点，在 Watch(观察) 窗口中查看变量的值。首先，确保已经通过"文件 -> 项目属性 ->Conf->Hardware Tools->Simulator"选择了 MPLAB SIM 软件模拟器作为调试工具。

(2) 在项目树中双击打开源文件。在源文件中，把光标放到想要设置断点的代码行，并单击鼠标右键，选择"开启 / 关闭行断点"项。在源代码窗口左侧装订线处会有一个红点，断点设置成功。

(3) 可以通过 Watch 窗口查看变量的内容及变化情况。比如这里查看 sum 的情况，选择界面下方的"变量"选项，可以看到当前程序中的变量地址和值等信息。如果想添加新变量，在代码中选中变量，右键单击，选择"新建观察"项，该变量就被手动添加至变量观察窗口，如图 3-12 所示。

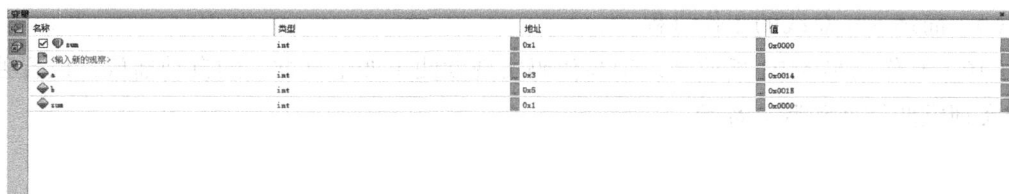

图3-12　在Watch窗口中查看变量

(4) 选择菜单"调试 -> 调试主项目"或界面上方快捷键启动调试器。调试器启动后，程序将会自动运行至第一个断点所在的代码位置，断点前一条语句执行完后，程序将会暂停。源代码窗口左侧装订线处的绿色箭头指向将要执行的下一条语句。如果程序正在运行，可以单击工具栏中的"暂停"快捷键暂停程序的运行。

3.2.3.3 PICKit3 与实验板联调方法

可以使用 PICKit3 来烧写器件和调试应用程序。如果是调试（Debug）程序，硬件连接后，选择菜单"文件 -> 项目属性 ->Conf->Hardware Tools->PICKit3"。选择"Production -> 编译主项目"重新编译程序。编译完成后，选择菜单"调试 -> 调试主项目"或界面上方快捷键链接下载器 PICKit3。如果是烧写（Program）程序，则点击界面上方运行按键，进行程序烧录和运行。

3.2.3.4 注意事项

（1）一定要先连接好硬件，再选择 PICKit3 作为调试器或编程器，否则容易出问题。

（2）在创建工程，添加文件时，Source file 必须添加，其他可以不加。

（3）需要特别注意的是，在文件路径中不能出现中文。

3.3 习题

（1）请思考并画出 PIC 单片机最小系统的结构框图。

（2）熟悉 MPLAB IDE 安装、编译与调试方法。

（3）简要写出创建工程的步骤，熟悉试验系统测试例程。

（4）试写出一个中断服务函数。

（5）PIC 单片机与线选式按键电路连接方式和单片机与矩阵式按键电路连接方式有什么不同点？

（6）多位 LED 数码管显示方式分为几种？其特点分别是什么？请简述。

（7）在晶振频率为 16MHz，无预分频值，Timer0 工作在 16 位模式的条件下计数器加 1 需经过多少时间？

（8）怎样在实现方波的基础上实现 PWM 输出？

（9）简述 SPI 总线的工作过程。

（10）制作简易 MP3 播放器，编写代码实现歌曲（如生日歌）的自动播放，设置独立按键实现歌曲切换和调节音量。

第4章 ARM微处理器

4.1 ARM微处理器概述

4.1.1 ARM简介

ARM 是 Advanced RISC Machines 的缩写,它既可以作为一个公司的名字,也可以作为对一类处理器的通称,还可以认为是一种技术的名字。

1991 年 ARM 公司成立于英国剑桥,主要出售设计技术的授权。ARM 公司只设计芯片而不生产。它将技术授权给世界上很多著名的半导体、软件和 OEM 厂商,并提供服务。目前,采用 ARM 技术知识产权(IP)核的微处理器,即我们通常所说的 ARM 微处理器,已遍及工业控制、消费类电子产品、通信系统、网络系统、无线系统等各类产品市场。基于 ARM 技术的微处理器应用占据了 32 位 RISC 微处理器的 75% 以上的市场份额,ARM 技术正在逐步深入我们生活的各个方面。

半导体生产商从 ARM 公司购买的 ARM 微处理器核,根据各自不同的应用领域,加入适当的外围电路,从而形成自己的 ARM 处理器芯片进入市场。目前,全世界有几十万家大型半导体公司都是用 ARM 公司的授权,因此,既使得 ARM 技术获得更多的第三方工具、制造、软件的支持,又使整个系统成本降低,使产品更容易进入市场被消费者所接受,更具有竞争力(图 4-1)。

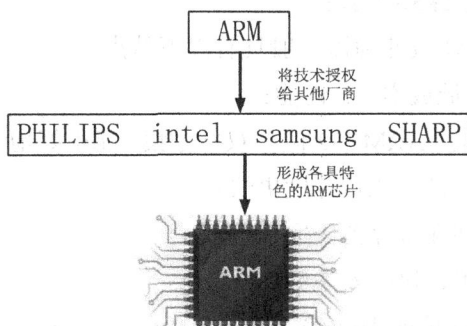

图4-1 ARM 公司的ARM微处理器

ARM 采用 RISC 体系结构(Reduced Instruction Set Computing, 精简指令集计算机),RISC 结构优先选取使用频率最高的简单指令,避免复杂指令,指令格式和寻找方式种类减少；以控制逻辑为主，不用或少用微码控制等。

4.1.2 ARM微处理器的应用领域及特点

4.1.2.1 ARM 微处理器的应用领域

到目前为止，ARM 微处理器及技术的应用几乎已经深入到各个领域。

（1）工业控制领域。

基于 ARM 核的微控制器芯片不但占据了高端微控制器市场的大部分市场份额，同时也逐渐向低端微控制器应用领域扩展，ARM 微控制器的低功耗，高性价比，向传统的 8 位 /16 位微控制器提出了挑战。

（2）无线通信领域。

目前，已有超过 85% 的无线通信设备采用了 ARM 技术，ARM 以其高性能和低成本，在该领域的地位日益巩固。

（3）网络应用。

随着宽带技术的推广，采用 ARM 技术的 ADSL 芯片正逐步获得竞争优势。此外，ARM 在语音及视频处理上进行了优化，并获得广泛支持。也对 DSP 的应用领域提出了挑战（实际上还不如 DSP，就像单片机中内部集成了 AD/DA 一样，毕竟不是单独的 AD/DA 芯片）。

（4）消费类电子产品。

ARM 技术在目前流行的数字音频播放器、数字机顶盒和游戏机中得到广泛采用。

（5）成像和安全产品。

现在流行的数码相机和打印机中绝大部分采用 ARM 技术。手机中的 32 位 SIM 智能卡也采用了 ARM 技术。

除此之外，ARM 微处理器及技术还应用到了许多领域，将来还会得到更加广泛的应用。

4.1.2.2 ARM 微处理器的特点

采用 RISC 架构的 ARM 微处理器一般具有以下特点：

（1）体积小 \ 低功耗 \ 低成本 \ 高性能；

（2）支持 Thumb（16 位）/ARM（32 位）双指令集，能很好地兼容 8 位 /16 位器件；

（3）大量使用寄存器，指令执行速度更快；

（4）大多数数据操作都在寄存器中完成；

（5）寻址方式灵活简单，执行效率高；

（6）指令长度固定（32 位或 16 位）。

4.1.3 ARM微处理器系列

ARM 微处理器目前包括下面几个系列，以及其他厂商基于 ARM 体系结构的处理器，除了具有 ARM 体系结构的共同特点以外，每个系列的 ARM 微处理器的特点和应用领域。

　　·ARM7 系列；

　　·ARM9 系列；

　　·ARM9E 系列；

　　·ARM10E 系列；

　　·Securcore 系列；

　　·Intel 的 Xscale ；

　　·Inter 的 Strongarm ；

　　·Coetex-R 系列（2008 年推出）；

　　·Coetex-A（2008 年推出，Cortex-A8 第一款基于 ARMv7 构架的应用处理器）。

　　其中，ARM7、ARM9、ARM9E 和 ARM10 为 4 个通用处理器系列，每个系列提供一套相对独特的性能来满足不同应用领域的需求。SecurCore 系列专门为安全要求级别高的应用而设计。

　　以下我们来详细了解一下各种处理器的特点及应用领域。

4.1.3.1 ARM 微处理器系列

　　ARM7 微处理器系列为低功耗的 32 位 RISC 处理器，最适合用于对价位和功耗要求较高的消费类应用。ARM 微处理器系列具有以下特点：

　　（1）具有嵌入式 ICE-RT 逻辑，调试开发方便；

　　（2）极低的功耗，适合对功耗要求较高的应用，如何携式产品；

　　（3）能够提供 0.9MIPS/MHz 的三级流水线结构（MIPS 含义：百万条指令每秒）；

　　（4）代码密度高并兼容 16 位的 Thumb 指令集；

　　（5）支持不需要 MMU 的实时操作系统，如 μC/OS、μclinux ；

　　（6）指令系统与 ARM9 系列、ARM9E 系列和 ARM10E 系列兼容，便于用户的产品升级换代。

　　（7）主频最高可达 130MIPS，高速的运算处理能力能胜任绝大多数的复杂应用。

　　ARM7 系列微处理器的主要应用领域为：工业控制、Internet 设备、网络和调制解调器设备、移动电话等。

4.1.3.2 ARM9 微处理器系列

　　ARM9 系列微处理器在高性能和低功耗特性方面提供最佳的性能，具有以下特点：

　　（1）5 级整数流水线，指令执行效率更高；

　　（2）提供 1.1MIPS/MHz 的哈佛结构；

　　（3）支持 32 位 ARM 指令集和 16 位的 Thumb 指令集；

　　（4）支持 32 位的高速 AMBA 总线接口；

（5）全性能的 MMU，支持 Windows CE、Linux、Palm OS 等多种主流嵌入式操作系统；

（6）MPU 支持实时操作系统；

（7）支持数据 Cache 和指令 Cache，具有更高的指令和数据处理能力。

ARM9 系列微处理器主要应用于无线设备、仪器仪表、安全系统、机顶盒、高端打印机、数字照相机和数字摄像机等。ARM9 系列微处理器包含 ARM920T、ARM922T 和 ARM940T 三种类型，以适用于不同的应用场合。

4.1.3.3 ARM Cortex-A8 处理器的介绍

Cortex-A8 是第一款基于 ARMv7 构架的应用处理器。Cortex-A8 也是 ARM 公司有史以来性能最强的一款处理器，主频为 600MHz~1GHz。A8 可以满足各种移动设备的需求，其功耗低于 300mW，而性能却高达 2000MIPS。

Cortex-A8 是 ARM 公司第一款超级标量处理器。在该处理器的设计当中，采用了心得技术以提高代码效率和性能。Cortex-A8 采用了专门针对多媒体和信号处理的 NEON 技术，同时，还采用了 Jazelle RCT 技术，能够支持 JAVA 程序的预编译与实时编译。

针对 Cortex-A8，ARM 公司专门提供了新的函数库（Aetisan Advantage-CE）。新的函数库可以有效提高异常处理的速度并降低功耗。同时，新的函数库还提供了高级内存泄露控制机制。

在结构特性方面 Cortex-A8 采用了复杂的流水线构架。

（1）顺序执行，同步执行的超标量处理器内核；13 级主流水线；10 级 NEON 多媒体流水线；专用 L2 缓存；基于执行记录的跳转预判。

（2）针对强调功耗的应用，Cortex-A8 采用了一个优化的装载、储存流水线，可以提供 2DMIPS/MHz 功能。

（3）采用 ARMv7 构架。

支持 THUMB-2，提供了更高的性能，改善了功耗和代码效率；

支持 NEON 信号处理，增强了多媒体处理能力；

采用了新的 Jazelle RCT 技术，增强了对 JAVA 的支持；

采用了 TrustZone 技术，增强了安全性能。

（4）集成了 L2 缓存。

编译时，可以把缓存当作标准的 RAM 进行处理；

缓存大小可以灵活配置；

缓存的访问延迟可以编程控制。

（5）优化的 L1 缓存，可以提高访问储存速度，并降低功耗。

（6）动态跳转预判。

基于跳转目的和执行记录的预判；

提供高达 95% 的准确性；

提供重放机制，有效降低了预判错误带来的性能损失。

4.1.3.4 Cortex-M3

Cortex–M3 是一个 32 位的内核，在传统的单片机领域中，它有一些不同于通用 2 位 CPU 应用的要求。例如，在工控领域，用户要求具有更快的中断速度，Cortex–M3 采用了 Tail-Chaining 中断技术，完全基于硬件进行中断处理，最多可较少 12 个始终周期数，在实际应用中可减少 70% 的中断（这里不是中断响应时间）。

单片机的另一个特点是调试工具非常便宜，不像 ARM 的仿真器动辄几千上万元。针对这个特点，Cortex–M3 采用了新型的单线调试（SingleWire）技术，专门拿出一个引脚来做调试，从而节约了大笔的调试工具费用。同时，Cortex–M3 中还集成了大部分控制器，这样工程师可以直接在 MCU 外连接 Flash，从而降低了设计难度和应用障碍。

ARM Cortex–M3 处理器结合了多种突破性技术，令芯片提供抄底费用的芯片，仅 3300 门的内核性能可达 1.2DMIPS/MHz。该处理器还集成了许多的紧耦合系统外设，令系统能满足下一代产品的控制需求。

Coetex 的优势在于低功耗、低成本、高性能三者（或两者）的结合。关于编程模式 Cortex–M3 处理器采用 ARMv7–M 架构，它包括所有的 16 位 Thumb 指令集和基本的 32 位 Thumb–2 指令集架构，Cortex–M3 处理器不能执行 ARM 指令集。Thumb–2 在 Thumb 指令集架构（ISA）上进行了大量的改进，它与 Thumb 相比，具有更高的代码密度并提供 16/32 位指令的更高性能。

4.1.4 ARM微处理器结构

4.1.4.1 RISC 体系结构

传统的 CISC(Complex Instruction Set Computer, 复杂指令集计算机）结构有其固有的缺点，即随着计算机技术的发展而不断引入新的复杂的指令集。为支持这些新增的指令，计算机的体系结构会越来越复杂，然而，在 CISC 指令集的各种指令中，其使用频率却相差悬殊，大约有 20% 的指令会被反复使用，占整个程序代码的 80%；而余下的 80% 的指令却不经常使用，在程序设计中只占 20%，显然，这种结构是不合理的。

基于以上的不合理，1997 年美国加州大学伯克利分校提出了 RISC(Reduced Instruction Set Computing, 精简指令集计算机）的概念，RISC 并非只是简单地减少指令，而是把着眼点放在了如何使用计算机的结构更加简单合理地提高运算速度上。RISC 结构优先选取使用频率最高的简单指令，避免复杂指令；经指令长度固定，指令格式和寻址方式种类减少；以控制逻辑为主，不用或少用微码控制等措施来达到上述目的。到目前为止，RISC 体系结构还没有严格的定义，一般认为，RISC 体系结构应具有以下特点：

（1）采用固定长度的指令格式，指令归整、简单，基本寻址方式有 2~3 种。

（2）使用单周期指令，便于流水线操作执行。

（3）大量使用寄存器，数据处理指令只对寄存器进行操作，只有加载/储存指令可以访问储存器，以提高指令的执行效率。除此以外，ARM 体系结构还采用了一些特别的技术，在保证高性能的前提下尽量缩小芯片的面积，并降低功耗，让所有的指令都可以根据前面的执行结果，来决定是否被执行（条件执行），从而提高指令的执行效率。

（4）可用加载/储存指令批量传输数据，以提高数据的传输效率。

（5）可在一条数据处理指令中，同时完成逻辑处理和位移处理。

（6）再循环处理中使用地址的自动增减来提高运行效率。

当然，和 CISC 架构相比较，尽管 RISC 架构上有上述优点，但绝不能认为 RISC 构架就可以取代 CISC 架构。事实上，RISC 和 CISC 各有优势，而且界限并不那么明显。现代的 CPU 往往采用 CISC 的外围，内部加入了 RISC 的特性，如超长指令集 CPU 融合了 RISC 和 CISC 的优势，成为未来 CPU 的发展方向之一。

4.1.4.2 ARM 微处理器的寄存器结构

ARM 处理器共有 37 个寄存器，被分为若干个组（BANK），这些寄存器包括：

（1）31 个通用寄存器，包括程序计算器（PC 指针），均为 32 位的寄存器；

（2）6 个状态寄存器，用以识别 CPU 的工作状态及程序的运行状态，均为 32 位，目前只使用了其中的一部分。

同时，ARM 处理器又有 7 种不同的处理器模式，在每一种处理器模式下均有一组相应的寄存器与之对应，即在任意一种处理器模式下，可访问的寄存器包括 15 个通用寄存器（R0~R14）（快中断模式除外）、1~2 个状态寄存器（CPSR SPSR 用户模式和系统模式没有）和程序计数器。在所有的寄存器中，有些是在 7 种处理器模式下公用的一个物理寄存器，而有些则是在不同的处理器模式下有不同的物理寄存器。关于 ARM 处理器的寄存器结构，在后面的相关章节会详细描述。

4.1.4.3 ARM 微处理器的指令结构

在较新的体系结构中，ARM 微处理器支持两种指令集：ARM 指令集和 Thumb 指令集。其中，ARM 指令为 32 位，Thumb 指令为 16 位。Thumb 指令集为 ARM 指令集的功能子集，但与等价的 ARM 代码相比较，可省 30%~40% 以上的储存空间，同时具备 32 位代码的所有优点。

关于 ARM 处理器的指令结构，在以后的相关章节将会详细描述。

4.1.5 ARM微处理器的应用选项

鉴于 ARM 微处理器的众多优点，随着国内外嵌入式应用领域的逐步发展，ARM 微处理器必然会获得广泛的重视和应用。但是，由于 ARM 微处理器有多大十几种的内核结构、几十家芯片生产商，以及千变万化的内部功能配置组合，给开发人员在选择方案时带来一定的困难，所以，对 ARM 芯片做一些对比研究是十分有必要的。

从应用的角度出发，在选择 ARM 微处理器时，应主要考虑以下几个方面的问题。

4.1.5.1 ARM 微处理器内核的选择

ARM 微处理器包含一系列的内核结构，以适应不同的应用领域。如果用户希望使用 WinCE 或标准 Linux 等操作以减少软件开发时间，就需要选择 ARM720T 以上带有 MMU(Memory Management Unit) 功能的 ARM 芯片，如 ARM720T、ARM920T、ARM922T、ARM946T、Strong-ARM 都带有 MMU 功能。

4.1.5.2 系统的工作频率

系统的工作频率在很大程度上决定了 ARM 微处理器的处理能力。ARM7 系列微处理器的典型处理速度为 0.9MIPS，常见的 ARM7 芯片系统的时钟为 20~133MHz，ARM9 系列微处理器的典型处理速度为 1.1MIPS/MHz，常见的 ARM9 的系统时钟频率为 100~233MHz，ARM10 最高可以达到 700MHz。

4.1.5.3 芯片内存储器的容量

大多数的 ARM 微处理器片内存储器的容量都不大，需要用户在设计系统时外扩存储器，但也有部分芯片具有相对较大的片内存储器空间。

4.1.5.4 片内外围电路的选择

除 ARM 微处理器核以外，几乎所有的 ARM 芯片均根据各自不同的应用领域，扩展了相关功能模块，并集成在芯片之中，我们称之为片内外围电路，如 USB 接口、IIS 接口、LCD 控制器、键盘接口、RTC、ADC、DAC 和 DSP 协处理器等。

4.2 Cortex-M4处理器

4.2.1 概述

ARM Cortex-M4 处理器用以满足需要有效且易于使用的控制和信号处理功能混合的数字信号控制市场。高效的信号处理功能与 Cortex-M 处理器系列的低能耗、低成本和易于使用的优点的组合，旨在面向电动机控制、汽车、电源管理、嵌入式音频和工业自动化市场的新兴类别的灵活解决方案。

4.2.1.1 高能效的数字信号控制

Cortex-M4 将 32 位控制与领先的数字信号处理技术集成来满足需要很高能效级别的

市场。

4.2.1.2 易于使用的技术

Cortex-M4 通过一系列出色的软件工具和 Cortex 微控制器软件接口标准 (CMSIS) 使信号处理算法开发变得十分容易。

4.2.1.3 Cortex-M4 信号处理技术

Cortex-M4 处理器采用扩展的单周期乘法累加 (MAC) 指令、优化的 SIMD 运算、饱和运算指令和一个可选的单精度浮点单元（FPU），如表 4-1 所列。

表4-1　Cortex-M4信号处理特点

硬件体系结构	单周期 16、32 位 MAC
✧ 用于指令提取的 32 位 AHB-Lite 接口 ✧ 用于数据和调试访问的 32 位 AHB-Lite 接口	✧ 大范围的 MAC 指令 ✧32 或 64 位累加选择 ✧ 指令在单个周期中执行
单周期 SIMD 运算	单周期双 16 位 MAC
✧4 路并行 8 位加法或减法 ✧2 路并行 16 位加法或减法 ✧ 指令在单个周期中执行	✧2 路并行 16 位 MAC 运算 ✧32 或 64 位累加选择 ✧ 指令在单个周期中执行
浮点单元	其他
✧ 符合 IEEE 754 标准 ✧ 单精度浮点单元 ✧ 用于获得更高精度的融合 MAC	✧ 饱和数学 ✧ 桶形移位器

4.2.2 Kinetis系列处理器

飞思卡尔半导体推出的 Kinetis 系列，是基于新 ARM Cortex-M4 处理在的 90 nm 32 位 MCU，补充了 90 nm ColdFire+ MCU 系列。

Kinetis MCU 采用飞思卡尔 90 nm 薄膜存储器 (TFS) 技术和 FlexMemory 功能 (可配置的电子可擦除、可编程、只读存储器 EEPROM)，且使用与 ColdFire+MCU 相同的软件支持工具和超低功耗灵活性，使客户能够轻松地为其最终应用选择最佳解决方案。

4.2.2.1 一站式支持工具

Kinetis 的功能和价值远远超出了硅片。每个 MCU 都配备了强大的支持软件套件，包括 MQX 实时操作系统 (RTOS) 和绑定的基于 Eclipse 的 CodeWarrior10.0 集成开发环境 (IDE)。其中，Processor Expert 提供可视的自动框架，可以加快开发复杂的嵌入式应用。Kinetis MCU 还获得了更大的 ARM 生态系统的支持，包括 IAR 系统的嵌入式工作台和

Keil's Microcontroller Development Kit(微控制器开发工具包)IDE。飞思卡尔和第三方支持工具的组合实现了快速设计并降低了实施难度。

4.2.2.2 7 个系列

Kinetis MCU 提供了强大的可扩展性、兼容性和特性集成。通过外设、存储器映射和封装允许在 MCU 系列内和 MCU 系列之间轻松迁移，为最终产品线的扩展提供了捷径和成本节约，从而及时响应市场需求。

这些系列包括由模拟、通信和定时以及控制外设组成的丰富套件,功能集成程度随闪存规模和输入 / 输出数而增加。所有 Kinetis 系列的通用特性包括：

- 高速 16 位模数转换器；
- 12 位数模转换器,带有片上模拟电压参考,多个高速比较器和可编程增益放大器；
- 低功率触摸感应功能,通过触摸能将器件从低功率状态唤醒；
- 多个串行接口,包括 UART、带有 IS07816 支持和 Inter–IC Sound；
- 强大、灵活的定时器,用于包括电机控制在内的广泛应用；
- 片外系统扩展和数据存储选项,包括 SD 主机、NAND 闪存、DRAM 控制器和飞思卡尔 FlexBus 互连方案。

前 5 个 Kinetis 系列构建在以上强大的基础之上,并添加了 HMI、连接、安全和安防功能,实现了一个全面的产品组合,可以满足从低功率远程传感到工业自动化与控制的广泛应用需求。K20、K30 和 K40 系列与 K10 系列完全兼容。

（1）K10 系列。具有 50~150MHz 的性能选项和 32KB~1MB 的闪存，提供较高的 RAM 闪存比吞吐量。将使用超小型 5mm × 5mm QFN 封装供货,用于最小的低功率设计。

（2）K20 系列。增加了 USB2.0 器件 / 主机 /On-The-Go(全速和高速)。USB 设备充电器检测 (DCD) 功能优化充电电流 / 时间,使便携式 USB 产品拥有较长的电池使用寿命。

（3）K30 系列。添加了灵活的 LCD 控制器,支持最多 320 个分段。低功率闪烁模式和分段故障检测功能为支持 LCD 的产品提供了低功率操作并改进了显示完整性。

（4）K40 系列。组合了 USB 和分段 LCD 功能,用于需要灵活连接到图形用户界面的产品。

（5）K60 系列。包括一套高度集成的 MCU,提供高达 180MHz 的性能和 IEEE1588 以太网 MAC,用于工业自动化环境中精确、实时的时间控制。硬件加密支持多个算法,以最小的 CPU 负载提供快速、安全的数据传输和存储。系统安全模块包括安全密钥存储和硬件篡改检测,提供用于电压、频率、温度和外部传感 (用于物理攻击检测) 的传感器。

（6）K70MCU 系列。包括 512 KB~1MB 闪存、单精度浮点单元、图形 LCD 控制器、IEEE1588 以太网、全速和高速 USB2.0 On-The-Go,具有设备充电检测、硬件加密检测功能和 NAND 闪存控制器。256 引脚器件包括支持系统扩展的 DRAM 控制器。现在已有

Kinetis K70 系列 196 和 256 引脚 MAPBGA 封装供货。

4.2.2.3 低功率创新技术和快速、高耐用 EEPROM

所有 Kineis 器件都支持全存储器 (闪存 /RAM/EEPROM) 和低至 1.71V 的模拟外设操作，最终延长便携式设计中的电池使用寿命。共提供 10 种低功率操作模式，允许设计人员优化外设活动和恢复时间。低功率实时时钟、低漏电流唤醒单元和低功率定时器为用户增加更多的灵活性，实现了在低功率状态下的连续系统操作。KneisMCU 具有极低的停止和运行电流，可以满足最小的功率预算要求。

飞思卡尔的 FlexMemory 设立了嵌入式存储器的新标准，允许用户轻易地将其配置为高耐用 (高达 1000 万次写入 / 擦除操作) 字节可写 / 擦除 EEPROM 写入时间低于 100ns 或配置为额外的闪存。FlexMemory 与外部 EPROM 解决方案相比，能够降低系统成本，降低软件复杂性和 EEPROM 仿真方案导致的 CPU/ 内存 /RAM 资源影响。

4.2.3 LPC4300 系列处理器

LPC4300 系列是采用 ARM Cortex–M4 和 Cortex-M0 双核架构的非对称数字信号控制器，为 DSP 和 MCU 应用开发提供了单一的架构和环境。Cortex–M4 处理融合了微控制器基本功能 (如集成的中断控制器、低功耗模式、低成本调试和易用性等) 和高性能数字信号处理功能 [如单周期 MAC、单指令多数据 (SIMD) 技术、饱和算法、浮点运算单元]。Cortex–M0 子系统处理器可分担 Cortex–M4 处理器大量数据传输和 I/O 处理任务，减小 Cortex–M4 带宽占用，使得后者可以全力处理数字信号控制应用中的数字计算。利用双核架构和恩智浦特有的可配置外设，LPC4300 系列可以实现多种开发应用，如马达控制、电源管理、工业自动化、机器人、医疗、汽车配件和嵌入式音频。

LPC630 系列工作频率高达 150MHz，采用 3 级流水线和哈佛结构，带有独立的本地指令和数据总线以及用于外设的第三条总线，并包含一个内部预取指单元，支持随机跳转的分支操作。

LPC4300 系列独有的可配置外设包括可配置状态机定时器 (SCT)，SPI 闪存接 (SPIFI)、通用串行 GPIO 接口 (SGP1O)、2 个高速 USB 控制器 (1 个带有片内高速 PHY)、1 个支持硬件 TCP/IP 校验的 10/100T 以太网、1 个高分辨率彩色 LCD 控制器、1 个外部存储器控制器以及多个数字和模拟外设。

4.2.3.1Cortex-M4 处理器内核

- ARMCortexM 内核，运行速度高达 150 MHz ;
- 内置存储器保护单元 (MPU), 支持 8 个区域 ;
- 内置嵌套向量中断控制器 (NVIC);
- 硬件浮点运算单元 (FPU);

- 非可屏蔽中断 (NMI) 输入；
- 具有 JTAG 和串行线调试 (SWD)、串行跟踪、8 个断点和 4 个观察点；
- 系统节拍定时器。

4.2.3.2 Cortex-M0 处理器内核

- Cortex-M0 子系统处理器可分担 Cortex-M4 处理器大量数据传输和 I/O 处理任务，减小 Cortex-M4 带宽占用，使得后者可以全力处理数字信号控制应用中的数字计算；
- 运行速度高达 150 MHz；
- 具有 JTAG 和串行线调试 (SWD)；
- 内置嵌套向量中断控制器 (NVIC)。

4.2.3.3 片内存储器

- 高达 1MB 的大容量双块 Flash 存储器；
- 高达 264 KB 片内 SRAM；
- 200 KB 用于存储程序和数据；
- 2 个 32 KB SRAM 模块带独立访问路径，这两个 SRAM 块均可单独断电；
- 32 KB 的 ROM，包含引导程序和片内软件驱动；
- 32 位的一次性可编程 (OTP) 存储器，供用户使用。

4.2.3.4 可配置数字外设

- 通用串行 GPIO 接口 (SGPIO)；
- 挂接在 AHB 总线的可配置状态机定时器 (SCT)。

4.2.3.5 串行接口

- 四线 SPI 闪存接口 (SPIFI)，传输速率高达 40 Mbit/s 每通道；
- 1 个具有 RMII 和 MII 接口的 10/100M 以太网接口，支持 DMA 传输实现高吞吐量；
- 1 个高速 USB 2.0 Host/Device/OTG 接口，带有片内 PHY，支持 DMA 传输；
- 1 个高速 USB2.0 Host/Device 接口，带有片内全速 PHY 和支持片外高速 PHY 的 ULPI 接口；
- 1 个支持 550 模式和 DMA 传输的 UART，具有完整调制解调器接口；
- 3 个支持 550 模式和 DMA 传输的 USART，支持同步模式并符合 1S07816 规范的智能卡接口，其中一个 USART 具有 IrDA 接口；
- 1 个单通道 C_CAN 2.0B 控制器；
- 2 个带 FIFO 和多协议支持的 SSP 控制器，支持 DMA 传输；
- 1 个 SPI 控制器；
- 1 个带有监控模式和开漏 I/O 引脚、支持快速模式的 I^2C 总线接口，符合 full I^2C

总线规范,数据传输速率高达 1Mbit/s;

- 1 个带有监控模式和标准 I/O 引脚、支持快速模式的 PC 总线接口;
- 2 个支持 DMA 的 PS 接口,一个为输入,一个为输出。

4.2.3.6 数字外设

- 外部存储器控制器 (EMC) 支持外部 SRAM.ROM.Flash 和 SDRAM 器件;LCD 控制器带有专门的 DMA 控制器,支持高达 1024 H × 768V 分辨率的 LCD,支持单色及彩色 STN 面板和 TFT 彩色面板,支持高达 24 位真彩色;
- SD 卡接口;
- 8 通道通用 DMA(GPDMA) 控制器,可访问 AHB 上所有存储器和所有支持 DMA 的 AHB 从机;
- 高达 146 个通用 I/O 管脚,可配置上拉 / 下拉电阻和开漏模式;
- GPIO 寄存器位于 AHB 上,便于快速访问,支持 DMA 传输;
- 4 个具有捕获和匹配功能的通用定时器 / 计数器;
- 1 个用于三相电动机控制的 MCPWM;
- 1 个正交编码器接口 (QEI);
- 重复中断定时器 (RIT);
- 窗口看门狗定时器 (WWDT);
- 极低功耗实时时钟 (RTC),位于独立电源域上,带有 256B 电池供电的备用寄存器;
- 报警定时器,可电池供电。

4.2.3.7 模拟外设

- 1 个 10 位的 DAC,支持 DMA 传输,数据转换速率为 400KSamples/s;
- 2 个 10 位的 ADC,支持 DMA 传输,数据转换速率为 400KSamples/s。

4.2.3.8 安全性

- 可通过片内 API 编程的 AES 解密引擎;
- 2 个 128 位的安全 OTP 存储器,用于 AES 密钥存储,可供用户使用;
- 每颗芯片具有唯一的 ID。

4.2.3.9 时钟产生单元

- 晶体振荡器的运行频率为 1~25 MHz;
- 12MHz 内部 RC 振荡器精度为 1%;
- 极低功耗的 RTC 晶体振荡器;
- 3 个 PLL 允许 CPU 在最大的频率下工作而无须高频晶体,第二个 PLL 专门用于高速 USB,第三个 PLL 可用于音频锁相环;

- 支持时钟输出。

4.2.3.10 电源

- 单个 3.3V(2.0~3.6V) 的电源供电，通过片内 DC—DC 转换器给内核以及 RTC 电源域供电；
- RTC 电源域可单独由一个 3V 的电池来供电；
- 4 种低功耗模式：睡眠、深度睡眠、掉电和深度掉电模式；
- 超速模式用以提高 CPU 和总线的时钟频率；
- 各个外设产生的唤醒中断可以将 CPU 从睡眠模式唤醒；
- 外部中断和采用 RTC 电源域中电池供电模块产生的唤醒中断可以将 CPU 从深度睡眠、掉电和深度掉电模式中唤醒；
- 带 4 个独立阈值的掉电检测，用于中断和强制复位；
- 上电复位 (POR)。

4.2.3.11 封装

LQFP100/208.BGA144/180 和 LBGA256 封装。

4.2.4 STM32F4 系列处理器

STM32 系列微控制器是业内十分成功的基于 ARM–M 处理器的 32 位微控制器，售出的基于 Crtex–M 内核微控制器中，几乎一半是 STM32。意法半导体现有的 STM32 产品适合各种应用领域，包括医疗服务、销售终端设备 (POS)、建筑安全系统和工厂自动化、家庭娱乐等。此外，意法半导体正在利用新的 STM32F4 系列进一步拓宽应用范围。STM32F4 的单周期 DSP 指令将会催生数字信号控制器 (DSC) 市场，数字信号控制器适用于高端电机控制、医疗设备和安全系统等场合。STM32F4 系列的引脚和软件完全兼容 STM32F2 系列，因此 STM32F2 系列可轻松地升级到 F4 系列。此外，目前采用微控制器和数字信号处理器双片解决方案的客户可以选择 STM32F4,其在一个芯片中整合了传统两个芯片的特性。

STM32 微控制器平台拥有 250 余种兼容产品、业界最好的应用开发生态系统以及出色的功耗和整体功能。目前，意法半导体的 Cortex–M 微控制器共有 4 个产品系列：STM32F1 系列、STM32F2 系列和 STM32L1 系列，这 3 个系列均基于 Cortex–M3 内核；新的 F4 系列 , 基于 Cortex–M4 内核。

除引脚和软件兼容高性能的 F2 系列外 ,F4 的主频 (168MHz) 高于 F2 系列 (120MHz),并支持单周期 DSP 指令和浮点单元、更大的 SRAM 容量 (192KB,F2 是 128KB)、512KB~1MB 的嵌入式闪存以及影像、网络接口和数据加密等更先进的外设。意法半导体的 90nmCMOS 制造技术和芯片集成的 ST 实时自适应 "ART 加速器" 实现了领先的零等待状态下程序运行性能 (168 MHz) 和最佳的动态功耗。

4.2.4.1 F4 系列的专有技术优势

（1）采用多达 7 重 AHB 总线矩阵和多通道 DMA 控制器，支持程序执行和数据传输并行处理，数据传输速率极快。

（2）内置的单精度 FPU 提升控制算法的执行速度，给目标应用增加更多功能，提高代码执行效率，缩短研发周期，减少了定点算法的缩放比和饱和负荷，且准许使用元语言工具。

（3）高集成度：最高 1MB 片上闪存、192KB SRAM、复位电路、内部 RC 振荡器、PLL 锁相环、低于 1μA 的实时时钟（误差低于 1s）。

（4）在电池或者较低电压供电的应用中，且要求高性能处理和低功耗运行，STM32F4 带来了更多的灵活性，以达到高性能和低功耗的目的。包括在待机或电池备用模式下，4 KB 备份 SRAM 数据被保存；在 Vbat 模式下实时时钟功耗小于 1μA；内置可调节稳压器，准许用户选择高性能或低功耗工作模式。

（5）出色的开发工具和软件生态系统：提供各种集成开发环境、元语言工具、DSP 固件库、低价入门工具、软件库和协议栈。

（6）优越的和具有创新性的外设。

（7）互联性：相机接口、加密 / 哈希硬件处理器、支持 IEEE 1588 v2 10/100M 以太网接口、2 个 USBOTG（其中 1 个支持高速模式）。

（8）音频：音频专用锁相环和 2 个全双工 I^2S。

（9）最多 15 个通信接口（包括 6 个 10.5 Mbit/s 的 USART、3 个 42 Mbit/s 的 SPI、3 个 I^2C、2 个 CAN、1 个 SDIO)。

（10）模拟外设：2 个 12 位 DAC；3 个 12 位 ADC，采样速率达到 2.4MSPS，在交替模式下达到 7.2 MSPS。

（11）最多 17 个定时器：16 位和 32 位定时器，最高频率 168 MHz。

（12）STM32F4 系列现已投入量产。

4.2.4.2 STM32F4 系列 4 款产品

（1）STM32F405X。STM32F405X 集成了定时器、3 个 ADC、2 个 DAC、串行接口、外存接口、实时时钟、CRC 计算单元和模拟真随机数发生器在内的整套先进外设，STM32F405 额外内置一个 USBOTG 全速 / 高速接口。这些产品采用 4 种封装 (WLCSP64、LQFP64、LQFP100、LQFP144)，内置多达 1MB 闪存。

（2）STM32F407。在 STM32F405 产品基础上增加了多个先进外设：第 2 个 USBOTG 接口（仅全速）；一个支持 MII 和 RMII 的 10/100M 以太网接口，硬件支持

IEEE1588 V2 协议；1 个 8~14 位并行相机接口，可以连接一个 CMOS 传感器，传输速率最高支持 67.2 MB/s。这些产品采用 4 种封装 (LQFP10O.LQFP144、LQFP/BGA176) 内置 512KB~1MB 闪存。

（3）STM32F415　和 STM32F417。STM32F415　和 STM32F417　在 STM32F405　和 STM32F407 基础上增加一个硬件加密 / 哈希处理器。此处理器包含 AES 128、192、256、Triple DES、HASH (MD5、SHA–1) 算法硬件加速器，处理性能十分出色，例如，AES–256 加密速度最高达到 149.33 MB/ s。

4.3 编译环境介绍

使用 KEIL 创建 ARM 工程文件的过程大体和创建 51 工程文件相似。

4.3.1 新建工程

双击打开 KEIL, 单击 Project — new uvision Project 选项，创建新工程。如图 4-2 所示，在文件名选项中输入工程名，一般工程名为英文或字母，注意没有后缀。保存工程名后弹出如图 4-3 所示界面，选择所用的芯片，然后单击 OK 按钮进入如图 4-4 所示界面。

在图 4-4 中单击"是"，将自动生成启动代码；如果选择"否"，须自己写启动代码。两种选择均可。

在这里选择"否"，因为 CMSIS 库里面自带启动代码，所以不使用 KEI 软件的启动代码。

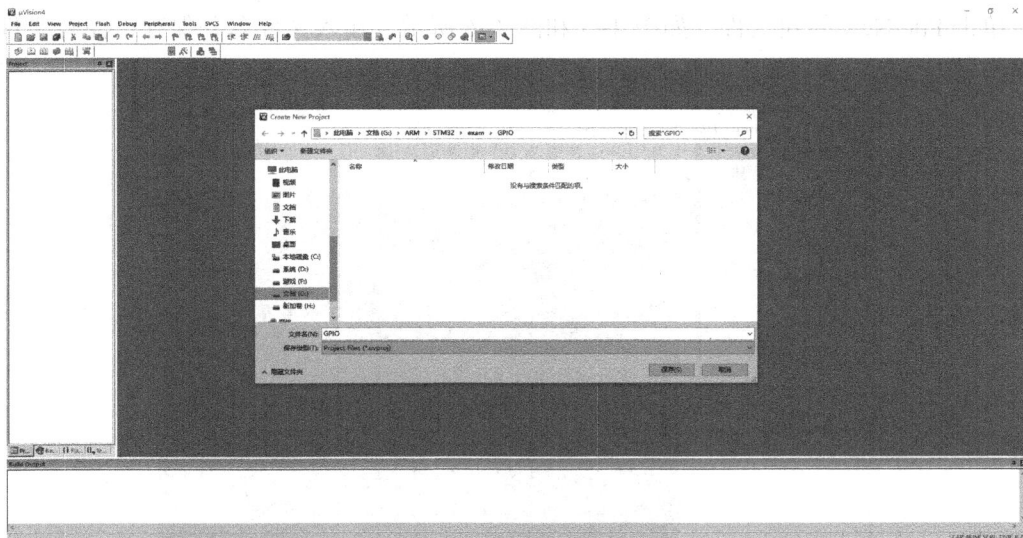

图4-2　新建工程

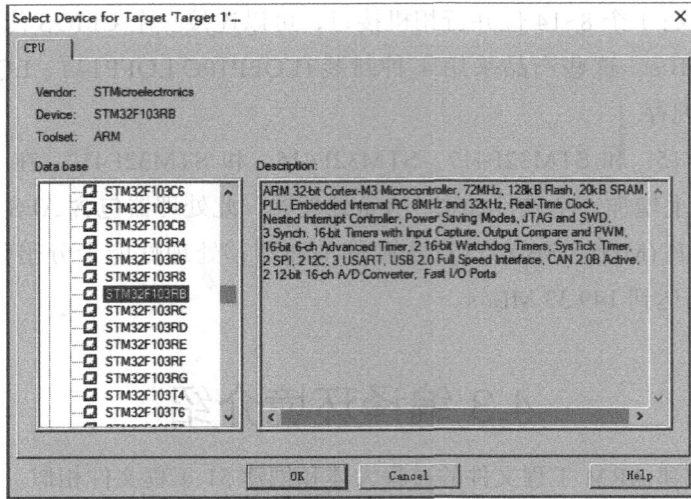

图4-3　选择芯片

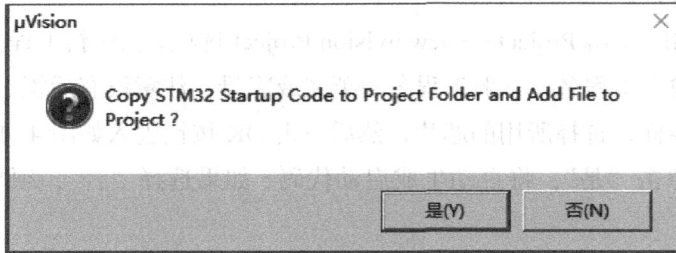

图4-4　创建代码

4.3.2 新建文件

单击 File/New 新建文件，如图 4-5 和图 4-6 所示，输入文件名并保存，注意文件后缀名为 .c。

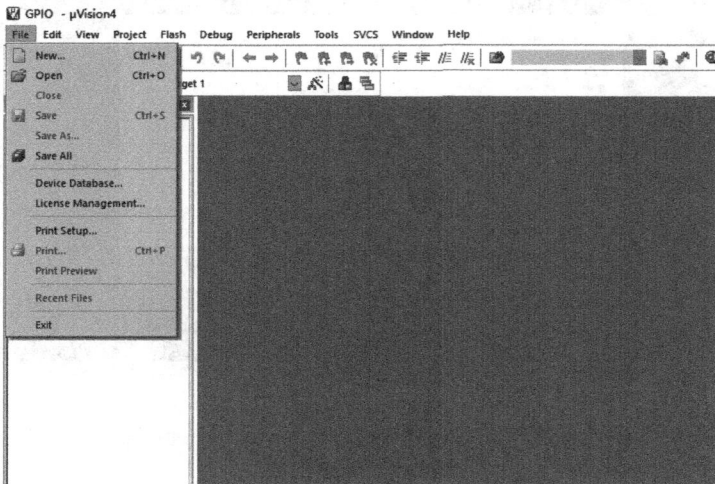

图4-5　新建文件

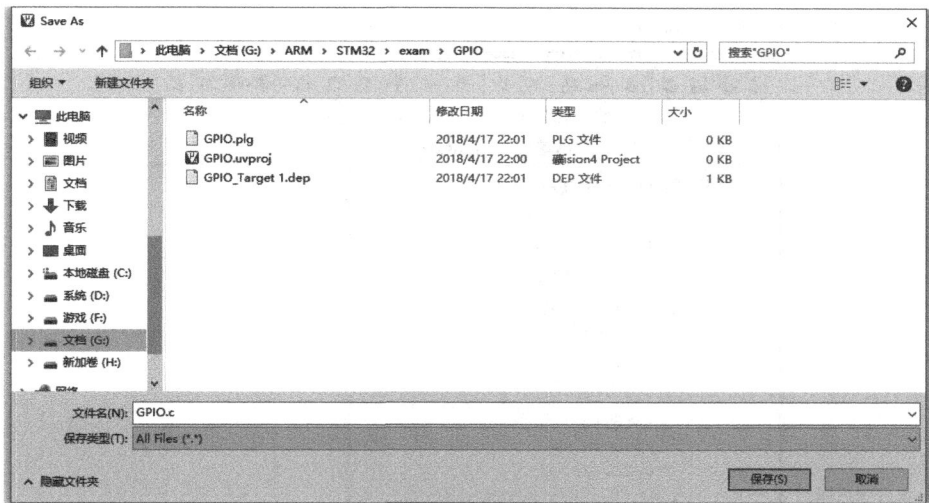

图4-6　输入文件名

4.3.3 添加文件到工程中

选中 SureCoupl 单击右键（如图 4–7 和图 4–8 所示），进行文件添加。这样就可以在该 .c 文件中写程序了。

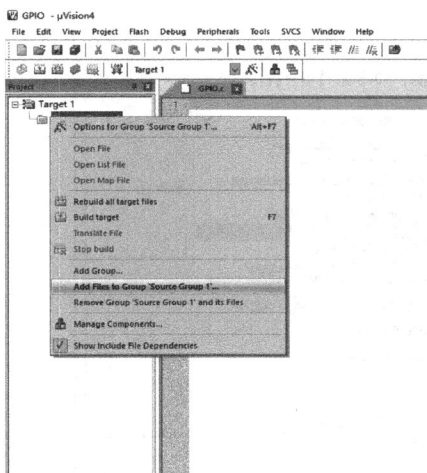

图4-7　添加文件到工程中

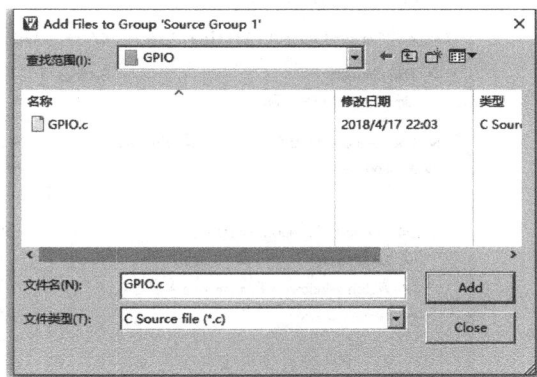

图4-8　文件添加

4.3.4 配置

右击 target1，然后选择第一项 Options for Target，如图 4–9 所示。

选择 Debug 项中的下拉箭头选择 Cortex–M/R J–LINK/J–Trace，如图 4–10 所示。

选择 Uilities 项中的下拉箭头选择 Cortex–M/R J–LINK/J–Tace，如图 4–11 所示，去掉该项后面的勾。

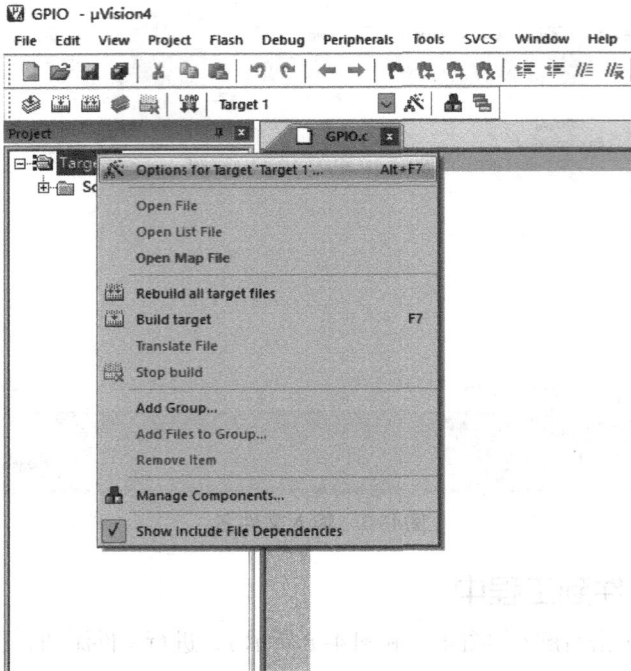

图4-9　配置

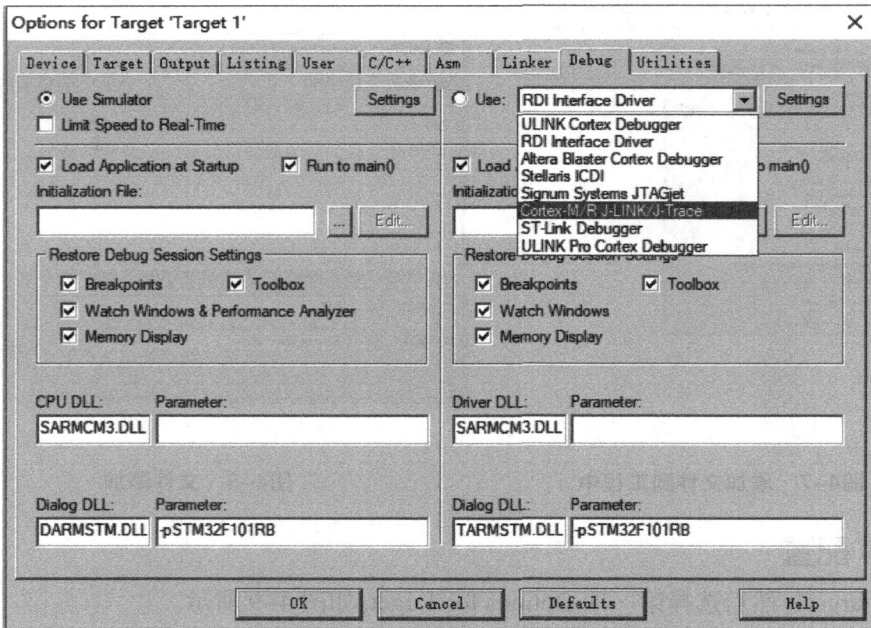

图4-10　Debug 项中的下拉箭头选择Cortex- M/R J-LINK/J-Trace

单击图 4-11 中的 settings 即弹出如图 4-12 所示的方框，选择 Add 即弹出 Add FLash 窗口，然后选择图中阴影所示的那项，最后单击 Add 即可。

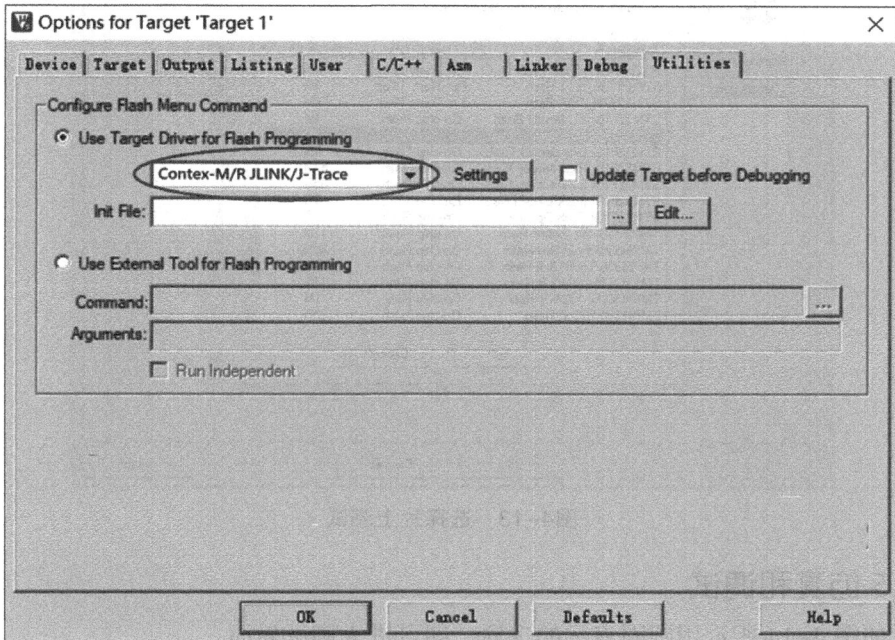

图4-11　点击settings

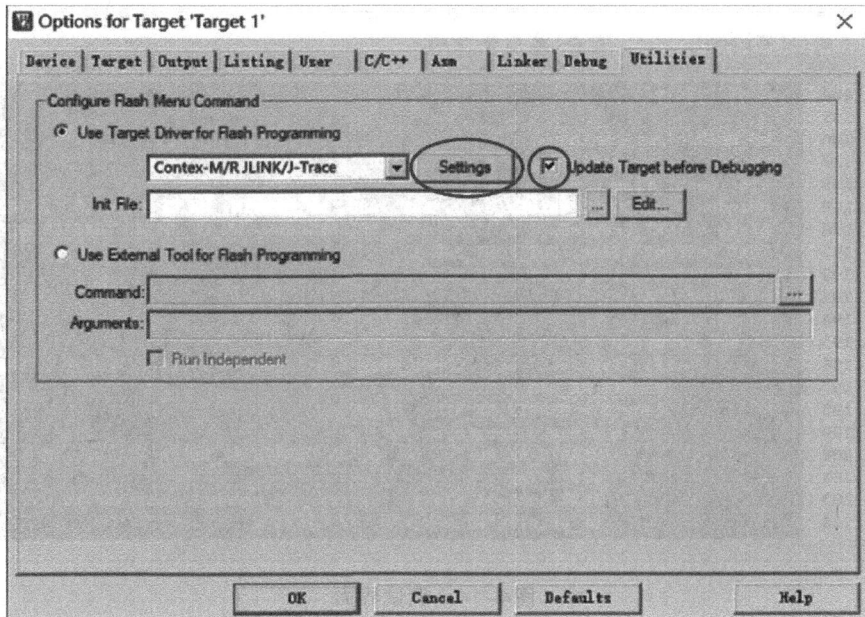

图4-12　Add选项卡弹出Add FLash

如果要片上测试，则需选择如图 4-13 所示的项。

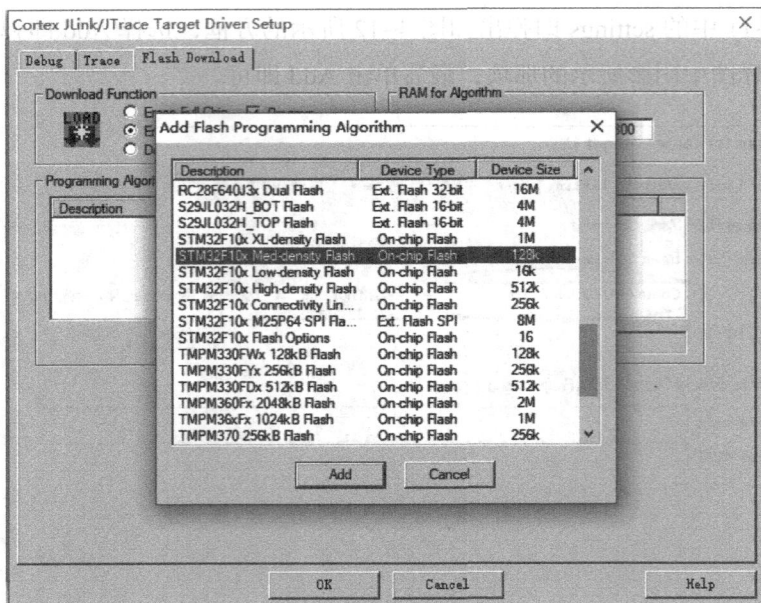

图4-13　选择片上测试

4.3.5 仿真和调试

选择如图 4-14 所示用圆圈表示的选项，即可进入调试界面。

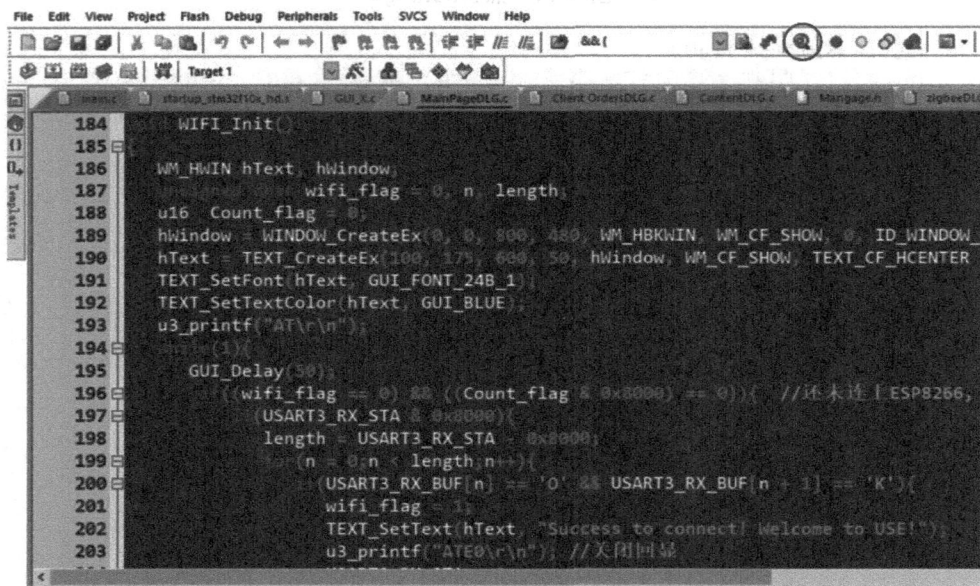

图4-14　调试界面

4.4 习题

（1）ARM 微处理器支持哪几种运行模式？各运行模式有什么特点？

（2）ARM 指令条件码有哪些？取决于哪个寄存器？

（3）存储器地址从 0x30040000 开始的 100 个单元中存放着 ASCII 码，编写汇编程序，将其所有的小写字母转换为大写字母，其他保持不变。

（4）编写一个简单的 ARM 汇编程序，实现 1+2+…+100 的运算。

（5）简述 ARM 代码段和数据段的语法结构、作用以及其中主要的关键字。

（6）如何在 C 语言程序中调用汇编程序？

（7）嵌入式操作系统的主要技术指标是什么？

（8）Cortex–M4 处理器的结构特点，其寄存器的组成包括哪些？作用分别是什么？

（9）试说明嵌入式操作系统的几个术语的含义：

①实时性；

②任务；

③任务上下文；

④调度延迟；

⑤中断延迟；

⑥互斥；

⑦抢占。

（10）选择一种熟悉的嵌入式操作系统，写一个嵌入式应用软件的框架，要求使用嵌入式操作系统常用的系统调用。

提示：

①通过本题目的训练，可以使读者掌握嵌入式操作系统的使用和开发方法；

②设计多个任务，数量自定；

③使用信箱、队列、信号量等任务间通信方式；

④使用定时器；

⑤程序中使用内存分区。

第5章 Python开发流程

5.1 Python安装

5.1.1 搭建 Python平台

Python 是一种计算机程序语言，由于其简洁性、易学性和可扩展性，已成为最受欢迎的程序语言之一。在 2016 年最受欢迎的编程语言中，Python 已经超过 C 排名第 3 位。另外，由于 Python 拥有强大而丰富的库，因此可以用来处理各种工作。

在网络爬虫领域，由于 Python 简单易学，又有丰富的库可以很好地完成工作，因此很多人选择 Python 进行网络爬虫。

5.1.2 Python的安装

Anaconda 是一个环境管理器，可以在同一台电脑上安装不同版本的环境及依赖库，并能够对不同的环境进行自由切换。Anaconda 的 Python 科学计算环境，只需像普通软件一样安装好 Anaconda，就可以把 Python 的环境变量、解释器、开发环境等安装在计算机中。除此之外，Anaconda 还提供了众多科学计算的包，如 Numpy、ScipyPandas 和 Matplotlib 等，以及机器学习、生物医学和天体物理学计算等众多的包模块，如 Scikit-Learn、BioPython 等。

Python 的英文单词意思为"蟒蛇"，而 Anaconda 的英文单词意思为"南美洲的巨蟒"，Anaconda 不愧是 Python 的好帮手，这个工具可以为我们安装和配置 Python 开发环境节省大量时间和精力，可谓是初学者学习 Python 的最佳工具。

本节主要介绍在 windows 10 系统中安装 Anaconda2 的详细过程。

5.1.2.1 Anaconda 下载

官网下载地址：https://www.continuum.io/downloads（目前最新版本是 Python 3.6，默认下载也是 Python 3.6），推荐去清华大学开源软件镜像站 https://mirrors.tuna.tsinghua.edu.cn/anaconda/archive/ 下载，因为官网上下载会比较慢而且不稳定，容易下载到一半断开，所以还是推荐到这个网站上自行找版本对应下载。

下载注意点：安装 Anaconda 时，安装包的路径和安装目录路径都尽量用英文，而且也不要用到空格命名，如果安装过程中有病毒，关闭防火墙、杀毒软件再继续。

5.1.2.2 安装步骤

双击下载好的 Anaconda2-5.2.0-Windows-x86_64.exe 文件，在出现的界面上，点击 "Next"，出现如图 5-1 所示界面。

图 5-2 中的 "Install for" 选项（Just me 和 All Users），如果你的电脑有多个用户，选择 All Users，这里直接选 All User，继续点击 Next。如果先前安装过 Python，先前安装的选择要与现在保持一致。

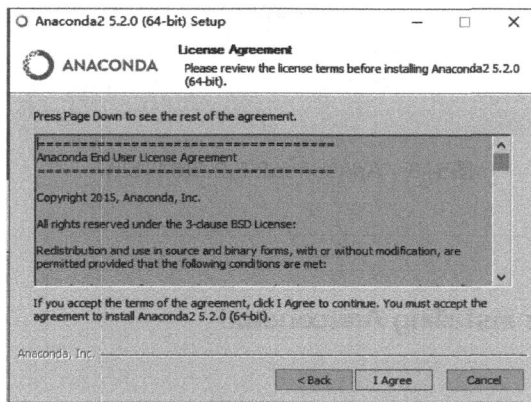

图5-1　License Agreement窗口

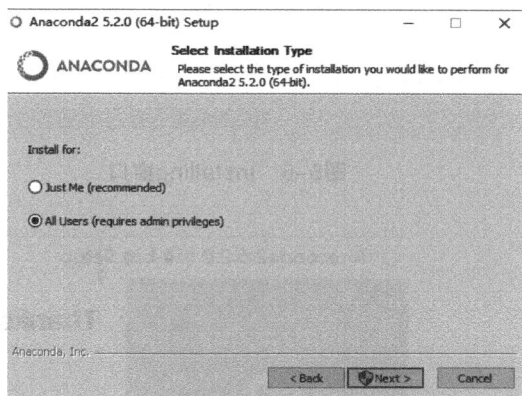

图5-2　Select Installation Type窗口

图 5-3 中选择安装路径，默认是安装到 C:\ProgramData\Anaconda3 文件夹下。也可以选择 "Browse..."，选择想要安装的文件夹。

继续点击 "Next"，出现如图 5-4 所示窗口。

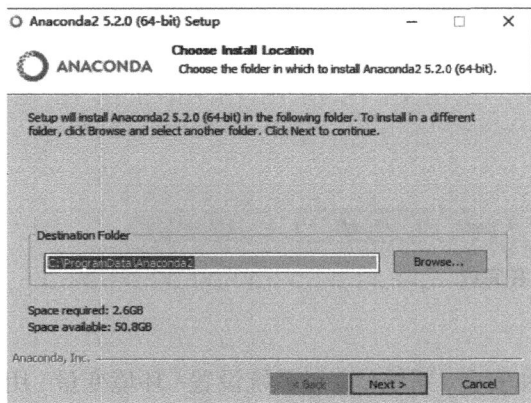

图5-3　Choose Install Location窗口

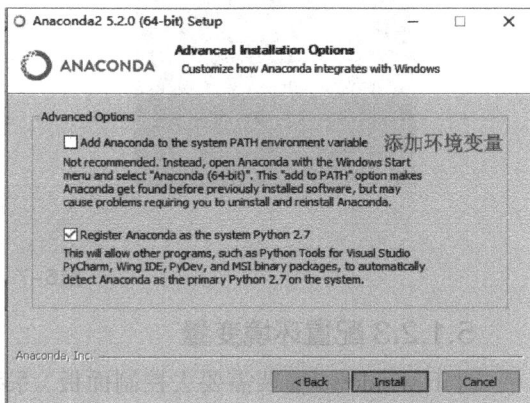

图5-4　Advanced Installation Options选项

两个默认就好，第一个是加入环境变量，第二个是默认使用 Python 2.7（不同的版本安装不同的 python 版本），点击 "Install"，出现如图 5-5 所示界面，已经开始安装。

安装完成后，点击"Next"，出现如图 5-6 所示窗口，点击"Install Microsoft VSCode"，出现如图 5-7 所示窗口，点击"Finish"，安装结束。

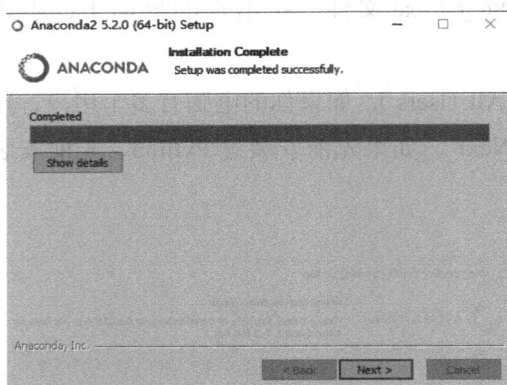

图5-5　Installing窗口

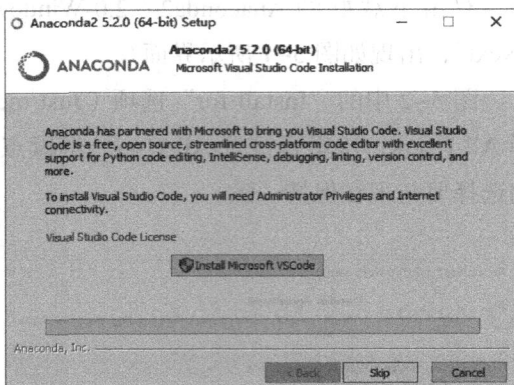

图5-6　Anaconda2 5.2.0(64-bit)

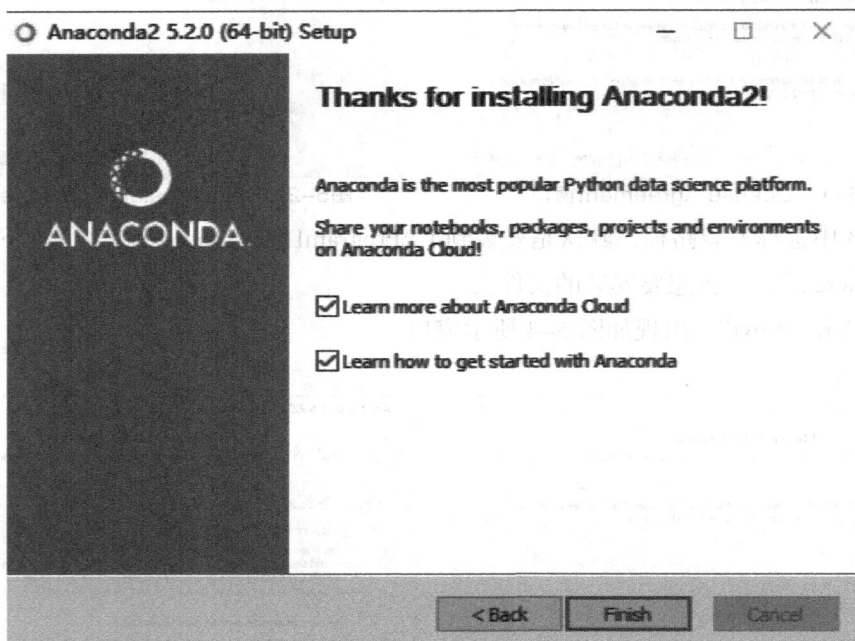

图5-7　安装完成

5.1.2.3 配置环境变量

对于 windows 安装需要去控制面板\系统和安全\系统\高级系统设置\环境变量\用户变量\PATH 中添加 Anaconda 的安装目录的 Scripts 文件夹，例如路径是 C:\ProgramData\Anaconda2\Scripts(看个人安装路径不同需要自己调整)。

之后就可以打开命令行 (最好用管理员模式打开) 输入"conda-version"，如图 5-8 所示。如果输出 conda 4.5.4 之类的就说明环境变量设置成功了。

```
C:\Users\Administrator>conda-version
conda4.5.4
C:\Users\Administrator>
```

图5-8　环境变量是不是设置成功测试

5.1.2.4 使用 pip 安装第三方库

pip 是 Pyhon 安装各种第三方库 (package) 的工具。

对于第三方库不太理解的读者，可以将库理解为供用户调用的代码组合。在安装某个库之后，可以直接调用其中的功能，使我们不用一个代码一个代码地实现某个功能。这就像你需要为计算机杀毒时会选择下载一个杀毒软件一样，而不是自己写一个杀毒软件，直接使用杀毒软件中的杀毒功能就可以了。这个比方中的杀毒软件就像是第三方库，杀毒功能就是第三方库中实现的功能。

Anaconda 中已经自带了 pip，不需要再自己安装 pip。

（1）介绍如何使用 pip 安装第三方库 bs4，可以使用其中的 BeautifulSoup 解析网页。

步骤一：打开 cmd.exe，在 Windows 中为 cmd，在 Mac 中为 terminal。在 Windows 中，cmd 是命令提示符，输入一些命令后，cmd.exe 可以执行对系统的管理。单击"开始"按钮，在"搜索程序和文件"文本框中输入 cmd 后按回车键，系统会打开命令提示符窗口。在 Mac 中，可以直接在"应用程序"中打开 terminal 程序。

步骤二：安装 bs4 的 Python 库。在 cmd 中键入 pip install bs4 后按回车键，如果出现 sucesslly installed 就表示安装成功。

除了 bs4 这个库，之后还会用到 requests 库、lxml 库等其他第三方库，帮助我们更好地进行网络爬虫。正因为这些第三方库的存在，才使得 Python 在爬虫领域越来越方便、越来越活跃。

（2）使用编译器 Jupyter 编程。

Python 的编译器很多，有 Notepad++、Sublime Text 2、Spyder 和 Jupyter。为了方便大家学习和调试代码，推荐使用 Anaconda 自带的 Jupyter。下面将介绍它的使用方法。

步骤一：通过 cmd 打开 Jupyter。

打开 cmd，键入 iupyter notebook 后按回车键，浏览器启动 Jupyter 主界面，如图 5-9 所示。

```
C:\Users\xxx>jupyter notebook
[I 11:29:27.578 NotebookApp] JupyterLab extension loaded from C:\Users\xxx\Anaconda3\lib\sit
e-packages\jupyterlab
[I 11:29:27.578 NotebookApp] JupyterLab application directory is C:\Users\xxx\Anaconda3\shar
e\jupyter\lab
[I 11:29:27.581 NotebookApp] Serving notebooks from local directory: C:\Users\xxx
[I 11:29:27.582 NotebookApp] The Jupyter Notebook is running at:
[I 11:29:27.582 NotebookApp] http://localhost:8888/?token=9de75ae5f0623b4cf4e521a3da93f295a193
fbe09a0db9b5
[I 11:29:27.582 NotebookApp]  or http://127.0.0.1:8888/?token=9de75ae5f0623b4cf4e521a3da93f295
a193fbe09a0db9b5
[I 11:29:27.582 NotebookApp] Use Control-C to stop this server and shut down all kernels (twic
e to skip confirmation).
[C 11:29:27.700 NotebookApp]

To access the notebook, open this file in a browser:
        file:///C:/Users/xxx/AppData/Roaming/jupyter/runtime/nbserver-6556-open.html
    Or copy and paste one of these URLs:
        http://localhost:8888/?token=9de75ae5f0623b4cf4e521a3da93f295a193fbe09a0db9b5
     or http://127.0.0.1:8888/?token=9de75ae5f0623b4cf4e521a3da93f295a193fbe09a0db9b5
```

图5-9　Jupyter窗口

步骤二：创建 Python 文件。

选择相应文件夹，单击右上角的 New 按钮，从下拉列表选择 Python3 作为希望启动的 Notebook 类型，如图 5-10 所示。

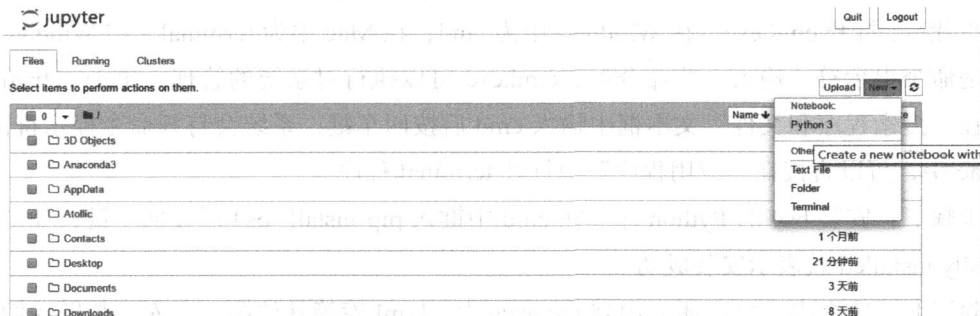

图5-10　创建Python文件

步骤三：在新创建的文件中编写 Python 程序。

键入 print("hello world")后按快捷键 Alt +Enter 执行刚刚的代码，结果如图 5-11 所示。

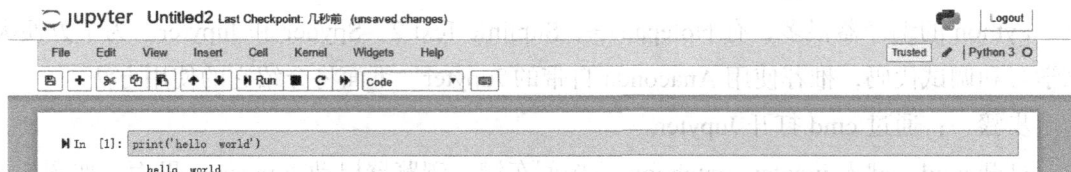

图5-11　编写Python脚本

Jupyter 的强大之处在于交互式编程和展示功能。首先是交互式编程，你可以把代码分成几段来执行，在代码编写和测试阶段可以边看边写，这样可以加快调码的速度。其次是展示，Jupyter 能够把运行和输出的结果保存下来，下次打开 Notebook 时也可以看到之前运行的结果。除了可以编写代码外，Jupyter 还添加各种元素，比如图片、视频、链接等，同时还支持 Markdown，可以充当 PPT 使用。如果要详细了解有关如何更好地使用 Jupyter 的话题，可以使用菜单栏右侧的帮助菜单。

5.2 Python使用入门

5.2.1 基本命令

Python 是一种非常简单的语言，最简单的就是 print，使用 print 可以打印出一系列结果。例如：

```
print ("Hello World!")
Hello World!
```

另外，Python 要求严格的代码缩进，以 Tab 键或者 4 个空格进行缩进，但要按照结构严格缩进，例如：

```
X = 1
if x == 1:
        print ("Hello World!")
Hello World!
```

如果需要注释某行代码，那么可以在代码前面加上 "#"，例如：

```
# 在前面加上#，代表注释
print ("Hello World!")
Hello World!
```

5.2.2 数据类型

Python 是面向对象 (objet oriented) 的一种语言，并不需要在使用之前熟悉要使用的变量和类别。下面将介绍 Python 的 4 种数据类型。

5.2.2.1 字符串（string）

字符串是最常见的数据类型，一般用来存储类似"句子"的数据，并放在单引号（' '）或双引号（" "）中。如果要连接字符串，那么可以简单地加起来。

```
string1 = 'Python Web Scrappy'
string2 = 'by Santos'
string3 = string1 + " " + string2
print (string3)
Python Web Scrappy by Santos
```

5.2.2.2 数字（Number）

数字用来存储数值，包含两种常用的数字类型：整数 (int) 和浮点数 (float)，其中浮点数由整数和小数部分组成。两种类型之间可以相互转换，如果要将整数转换为浮点数，就在变量前加上 float；如果要将浮点数转换为整数，就在变量前加上 int。例如：

```
Int1 = 7
float1 = 7.5
trans_int = int(float1)
print (trans_int)
7
```

还有其他两种复杂的数据类型，即长整数和复数。由于不常用到，感兴趣者可以自己学习。

5.2.2.3 列表（list）

如果需要把上述字符串和数字囊括起来，就可以使用列表。列表能够包含任意种类的数据类型和任意数量。创建列表非常容易，只要把不同的变量放入方括号中，并用逗号分隔即可，例如：

```
list1 = ['Python', 'web', 'Scrappy']
list2 = [1, 2, 3, 4, 5]
list3 = ["a", 2, "c", 4]
```

怎么访问列表中的值呢？可以在方括号中标明相应的位置索引进行访问，与一般认知不一样的是，索引从 0 开始，例如：

```
print ("list1[0]: " , list1[0])
print ("list2[1:3]: " , list2[1:3])
list1[0]: Python
list2[1:3]: [2, 3]
```

如何修改列表中的值呢？可以直接为列表中的相应位置赋予一个新值，例如：

```
list1[1] = "new"
print (list1)
['Python', 'new', 'Scrappy']
```

5.2.2.4 字典（Dictionaries）

字典是一种可变容器模型，正如其名，字典含有"字"（直译为键值, key) 和值 (value)，使用字典就像是自己创建一个字典和查字典的过程。每个存储的值都对应着一个键值 key,

key 必须唯一，但是值不用。值也可以取任何数据类型，例如：

```
namebook = {"Name": "Alex", "Age": 7, "Class": "First"}
print (namebook["Name"]) #可以把相应的键值放入方括号，提取值
print (namebook) #也可以直接输出整个字典
Alex
{"Name": "Alex", "Age": 7, "Class": "First"}
```

如何遍历访问字典中的每一个值呢？这里需要用到字典和循环的结合，例如：

```
#循环提取整个 dictionary 的 key 和 value
for key, value in namebook.items():
    print (key, value)
Name Alex
Age 7
Class First
```

5.2.3 条件语句和循环语句

条件语句可以使得当满足条件的时候才执行某部分代码。条件为布尔值，也就是只有 True 和 False 两个值。当 if 判断条件成立时才执行后面的语句；当条件不成立的时候，执行 else 后面的语句，例如：

```
book = "python" #定义字符串 book
if book == "python":   #判断变量是否为'python'
    print ("you are studying python.") #条件成立时输出
else:
    print ("wrong.") #条件不成立时输出
you are studying python.
```

如果需要判断的有多种条件，就需要用到 elif，例如：

```
book = "java" #定义字符串 book
if book == "python":   #判断变量是否为'python'
    print ("you are studying python.") #条件成立时输出
elif book == "java":   #判断变量是否为'java'
    print ("you are studying java.") #条件成立时输出
else:
    print ("wrong.") #条件不成立时输出
you are studying java.
```

循环语句能让我们执行一个代码片段多次，循环分为 for 循环和 while 循环。

for 循环能在一个给定的顺序下重复执行，例如：

```
citylist = ["Beijing", "Shanghai", "Guangzhou"]
for eachcity in citylist:
    print (eachcity)
Beijing
Shanghai
Guangzhou
```

while 循环能不断重复执行，只要能满足一定条件，例如：

```
count = 0
while count < 3:
    print (count) #打印出 0,1,2
    count += 1 #与 count = count + 1 一样
0
1
2
```

5.2.4 函数

在代码很少的时候，我们按照逻辑写完就能够很好地运行。但是如果代码变得庞大复杂起来，就需要自己定义一些函数 (Functions)。把代码切分成一个个方块，使得代码易读，可以重复使用，并且容易调整顺序。一个函数包括输入参数和输出参数，Python 的函数功能可以用 y=x +1 的数学函数来理解，在输入 x=2 的参数时，y 输出 3。但是在实际情况中，某些函数输入和输出参数可以不用指明。下面定义一个函数：

```
#定义函数
def calulus (x):
    y = x + 1
    return y

#调用函数
result = calulus(2)
print (result)
3
```

参数必须要正确地写入函数中，函数的参数也可以为多个，例如：

```
#定义函数
def fruit_function(fruit1, fruit2):
    fruits = fruit1 + " " + fruit2[0] + " " + fruit2[1]
    return fruits

#调用函数
result = fruit_function("apple", ["banana", "orange"])
print (result)
apple banana orange
```

5.2.5 面向对象编程

在介绍面向对象编程之前先说明面向过程编程。面向过程编程的意思是根据业务逻辑从上到下写代码，这个最容易被初学者接受，按照逻辑需要用到哪段代码写下来即可。

随着时间的推移，在编程的方式上又发展出了函数式编程，把某些功能封装到函数中，需要用时可以直接调用，不用重复撰写。函数式的编程方法节省了大量时间。

随着时间的推移，又出现了面向对象编程。面向对象编程是把函数进行分类和封装后放入对象中，使得开发更快、更强，例如：

```
class person:   #创建类
    def init_(self, name, age): #_init_( )方法称为类的构造方法
        self.name = name
        self.age = age

    def_detail(self): #通过 self 调用被封装的内容
        print (self.name)
        print (self.age)

obj1 = person('santos', 18)
obj1.detail( ) #python 将 obj1 传给 self 参数，即：obj1.detail( detail)，此时内部 detail= obj1

santos
18
```

看到这里，也许你有疑问，要实现上述代码的结果，使用函数式编程不是比面向对象编程更简单吗？例如，如果我们使用函数式编程，可以写成：

```
def_detail(name, age):
    print (name)
    print (sage)
obj1 = detail ('santos', 18)


santos
18
```

此处确实是函数式编程更容易。使用函数式编程，我们只需要写清楚输入和输出变量并执行函数即可；而使用面向对象的编程方法，首先要创建封装对象，然后还要通过对象调用被封装的内容，岂不是很麻烦？

但是，在某些应用场景下，面向对象编程能够显示出更大的优势。

如何选择两数式编程和面向对象编程呢？可以这样进行选择，如果各个函数之间独立且无共用的数据，就选用函数式编程；如果各个函数之间有一定的关联性，那么选用面向对象编程比较好。

下面简单介绍面向对象的两大特性：封装和继承。

5.2.5.1 封装

封装，顾名思义就是把内容封装好，再调用封装好的内容。封装分为两步：

（1）封装内容。

下面为封装内容的示例。

```
class person:   #创建类
    def_init_(self, name, age): #_init_( )方法称为类的构造方法
        self.name = name
        self.age = age

    def_detail(self): #通过 self 调用被封装的内容
        print (self.name)
        print (self.age)

obj1 = person('santos', 18)
obj1.detail( ) #python 将 obj1 传给 self 参数，即：obj1.detail( detail), 此时内部 detail= obj1

santos
18
```

self 在这里只是一个形式参数，当执行 obj1 = Person（'santos, 18）时，self 等于 obj1，此处将 santos 和 18 分别封装到 obj1 及 self 的 name 和 age 属性中，结果是 obj1 有 name 和 age 属性，其中 name="santos"，age=18。

（2）调用被封装的内容。

调用被封装的内容时有两种方式：通过对象直接调用和通过 self 间接调用。通过对象直接调用 obj1 对象的 name 和 age 属性，代码如下：

```
class person:   #创建类
    def_init_(self, name, age): #_init_( )方法称为类的构造方法
        self.name = name
        self.age = age

obj1 = person('santos', 18) #将'santos'和 18 分别封装到 obj1 及 self 的 name 和 age 属性
print (obj1.name)   #直接调用 obj1 对象的 name 属性
print (obj1.age)    #直接调用 obj1 对象的 age 属性
```

通过 self 间接调用时，Python 默认会将 obj1 传给 self 参数，即 objl.detail(obj1)。此时方法内部的 self =obj1，即 self.name "santos"，self.age = 18. 代码如下：

```
class person:   #创建类
    def_init_(self, name, age): #_init_( )方法称为类的构造方法
        self.name = name
        self.age = age

    def_detail(self): #通过 self 调用被封装的内容
        print (self.name)
        print (self.age)

obj1 = person('santos', 18)
obj1.detail( ) #python 将 obj1 传给 self 参数，即：obj1.detail( detail), 此时内部 detail= obj1
```

上述例子定义了一个 Person 的类。在这个类中，可以通过各种函数定义 Person 的各种行为和特性，要让代码显得更加清晰有效，就要在调用 Person 类各种行为的时候也可以随时提取。这比仅使用函数式编程更加方便。综上所述，对于面向对象的封装来说，其实就是使用构造方法将内容封装到对象中，然后通过对象直接或 self 间接获取被封装的内容。

5.2.5.2 封装

继承是以普通的类为基础建立专门的类对象。面向对象编程的继承和现实中的继承类似，子继承了父的某些特性，例如：

猫可以：喵喵叫、吃、喝、拉、撒

狗可以：汪汪叫、吃、喝、拉、撒

如果我们要分别为猫和狗创建一个类，就需要为猫和狗实现它们所有的功能，代码如下：

```
class 猫:
    def 喵喵叫(self):
        print('喵喵叫')
    def 吃(self):
        # do something
    def 喝(self):
        # do something
    def 拉(self):
        # do something
    def 撒(self):
        # do something

class 狗:
    def 汪汪叫(self):
        print('汪汪叫')
    def 吃(self):
        # do something
    def 喝(self):
        # do something
    def 拉(self):
        # do something
    def 撒(self):
        # do something
```

从上述代码不难看出，吃、喝、拉、撒是猫狗共同的特性，我们没有必要在代码中重复编写。如果用继承的思想，就可以写成：

动物：吃喝拉撒

猫：喵喵叫（猫继承动物的功能）

狗：汪汪叫（狗继承动物的功能）

```
class Animal:
    def eat(self):
        print("%s 吃 " %self.name)
    def drink(self):
        print("%s 喝 " %self.name)
    def shit(self):
        print("%s 拉 " %self.name)
    def pee(self):
        print("%s 撒 " %self.name)
class cat(Animal):
    def _init_ (self, name):
        self.name = name
    def cry (self):
        sprint('喵喵叫')
class Dog(Animal):
    def _init_ (self, name):
        self.name = name
    def cry (self):
        sprint('汪汪叫')


c1 = cat('小白家的小黑猫')
c1.eat( )
c1.cry( )

d1 = cat('胖子家的小瘦狗')
d1.eat( )
d1.cry( )

小白家的小黑猫 吃
喵喵叫
胖子家的小瘦狗 吃
汪汪叫
```

对于继承来说，其实就是将多个类共有的方法提取到父类中，子类继承父类中的方法即可，不必一一编写每个方法。

5.3 编写第一个简单的爬虫

当你了解了 Python 的基础语法后，就可以轻松爬取一些网站了。为了方便大家练习 Python 网络爬虫，我们专门搭建了一个博客网站用于爬虫的教学，本书教学部分的爬虫全部基于笔者的个人博客网站 (www.santostang.com) 。一方面，由于这个网站的设计和框架不会更改，因此本书的网络爬虫代码可以一直使用；另一方面，由于这个网站由笔者拥有，因此避免了一些法律上的风险。下面以笔者的个人博客网站为例获取第一篇文章的标题名称，教大家学会一个简单的爬虫。

5.3.1 获取页面

```python
#!/usr/bin/python
# coding: utf-8

import requests #引入包 requests
link = http://www.santostang.com/ #定义 link 为目标网页地址
headers = {'User-Agent' : 'Mozilla/5.0(windows; U; windows NT 6.1; en-US; rv:1.9.1.6)
Gecko/20091201 Firefox/3.5.6'}

r = requests.get(link, headers= headers) # 请求网页
print (r.text) #r.text 是获取的网页内容代码
```

上述代码获取了博客首页的 HTML 代码。首先 import requests, 使用 requests.get(link, headers- headers) 获取网页。值得注意的是：

(1) 用 requests 的 headers 伪装成浏览器访问。

(2) r 是 requests 的 Response 回复对象，我们从中可以获取想要的信息。r.text 是获取的网页内容代码。

运行上述代码得到如下结果。

```html
<!DOCTYPE html>
<html lang="zh-CN">
<head>
<meta charset="UTF-8">
<meta http-equiv="X-UA-Compatible" content="IE=edge">
<met name="viewport" content="width=device-width, initial-scale=1, maximum-scale=1">
<title>唐松 Santos</title>
<meta name="descripion" content="这是唐松 Santos 的个人博客,《Python 网络爬虫：从入门到实践》作
者" />
<meta name="keywords" content="唐松 Santos, Python, 网络爬虫, Python, 网络爬虫：从入门到实践,
Python, 爬虫, 大数据" />
<link rel="apple-touch-icon" href="http://www.santostang.com/wp-content/themes/JieStyle-Two-master
/images/icon_32.png">
<link rel="apple-touch-icon" sizes="152×152" href="http://www.santostang.com/wp-content/themes/
JieStyle-Two-master/images/icon_152.png">
<link rel="apple-touch-icon" sizes="167×167" href="http://www.santostang.com/wp-content/themes/
JieStyle-Two-master/images/icon_167.png">
<link rel="apple-touch-icon" sizes="180×180" href="http://www.santostang.com/wp-content/themes/
JieStyle-Two-master/images/icon_180.png">
<link rel="icon" href="http://www.santostang.com/wp-content/themes/JieStyle-Two-master/images
/icon_32.png" type="image/x-icon">
<link rel="stylesheet" href="http://www.santostang.com/wp-content/themes/JieStyle-Two-master/css
/bootstrap.min.css">
<link rel="stylesheet" href="http://www.santostang.com/wp-content/themes/JieStyle-Two-master/css
/font-awesome.min.css">
```

5.3.2 提取需要的数据

```
#!/usr/bin/python
# coding: utf-8

import requests
from bs4 import BeautifulSoup #从 bs4 这个库中导入 BeautifulSoup

link = "http://www.santostang.com/"
headers = {'User-Agent' : 'Mozilla/5.0(windows; U; windows NT 6.1; en-US; rv:1.9.1.6)
Gecko/20091201 Firefox/3.5.6'}
r = requests.get(link, headers= headers)

soup = BeautifulSoup (r.text, "html.parser") #使用 BeautifulSoup 解析这段代码
title = soup.find("h1", clas _="post-title").a.text.strip()
print (title)
```

在获取整个页面的 HTML 代码后，我们需要从整个网页中提取第一篇文章的标题。

这里用到 BeautifulSoup 这个库对爬下来的页面进行解析。首先需要导入这个库，然后把 HTML 代码转化为 soup 对象，接下来用 soup.find（"h1"，class - "post-title"）.a.text. strip() 得到第一篇文章的标题，并且打印出来。

对初学者来说，使用 BeautifulSoup 从网页中提取需要的数据更加简单易用。那么，我们怎么从那么长的代码中准确找到标题的位置呢？

这里就要隆重介绍 Chrome 浏览器的"检查（审查元素）"功能了。下面介绍找到需要元素的步骤。

步骤一：使用 Chrome 浏览器打开博客首页 www.santostang.com。右击网页页面，在弹出的快捷菜单中单击"检查"命令。

步骤二：出现如图 5-12 所示的审查元素页面。单击左上角的鼠标键按钮，然后在页面上单击想要的数据，下面的 Elements 会出现相应的 code 所在的地方，就定位到想要的元素了。

图5-12　审查元素页面

步骤三：在代码中找到标蓝色的地方，为 <h1 casspst-tlt><a>echarts 学习笔记 (2) - 同一页面多图表 </a>。我们可以用 soup.find(*h1",class. -"post. t:.tet.strpt) 提取该博文的标题。

5.3.3 存储数据

```
import requests
from bs4 import Beautifulsoup #从 bs4 这个库中导入 Beautifulsoup

link = http://www.santostang.com/
headers = {'User-Agent' : 'Mozilla/5.0(windows; U; windows NT 6.1; en-us; rv:1.9.1.6)
Gecko/20091201 Firefox/3.5.6'}
r = requests.get(link, headers= headers)

soup = Beautifulsoup(r.text, "heml.parser") #使用 Beautifulsoup 解析这段代码
title = sup.find("h1", class_="post-title").a.text.strip( )
print (title)

#打开一个空白的 txt，然后使用 f.write 写入刚刚的字符串 title
With open('title_test.txt', "a+") as f:
        f.write(title)
```

存储到本地的 txt 文件非常简单，在提取需要数据的基础上加上 3 行代码就可以把这个字符串保存在 text 中，并存储到本地。txt 文件地址应该和你的 Python 文件放在同一文件夹。返回文件夹，打开 title.txt 文件，即可查看内容。

5.4 习题

（1）Python 作为脚本语言，和 C++ 等编译语言的主要区别是什么？ Python 语言突出的特点是什么？

（2）Python 内置序列类型主要包括（　　　　）。

A. 列表、元组、字符串、文件

B. 列表、元组、字典、文件

C. 列表、元组、字符串、字典

D. 列表、元组、文件、None

（3）写一段脚本，接受用户输入的一个整数，假设是 y，输出一个列表，列表的元素包括：y，y^2，y^3，y^5。

（4）输出九九乘法表，格式要工整。

（5）将一个单词列表映射为一个代表了单词长度的整数列表。尝试用以下三种方式实现：

① for 循环；

② map 函数；

③列表解析。

（6）定义一个函数 is_member()，输入一个值（可以为数字、字符串等）和一个列表。如果这个值是列表的一个元素，则返回 True，否则返回 False。

（7）英文中有一种句子称为 pangram，句子中所有英文 26 个字母至少出现一次。例如 The quick brown fox jumps over the lazy dog. 定义一个函数 pangram()，用来检查一个英文句子是不是 pangram，是，返回 True；不是，返回 False。

（8）编写一个程序，为一个文本文件的每一行前面添加行号，并以一个新的文件保存添加了行号的文件。

（9）定义一个矩形类 Rectangle，由矩形的长 L 和宽 W 两个参数构造，矩形类中定义一个方法，用来计算矩形的面积。

（10）写一个函数，其中可能包括除以 0 的计算，然后将函数放在 try/except 语句中，捕捉异常 ZeroDivisionError。不管是否异常，都打印字串 "I can catch error!"。

第6章　QuartusII开发流程

6.1 QuartusII简介

Altera 公司是世界上最大的可编程逻辑器件供应商之一，Quartus II 是 Altera 公司提供的 FPGA/CPLD 集成综合开发工具。Quartus II 软件支持百万门级以上的逻辑器件的开发，提供了一种与结构无关的设计环境，使设计者能方便地进行设计输入、快速处理和器件编程。它是一款界面友好，易上手使用的开发软件。

6.1.1 Quartus软件特点

Altera 的 Quartus II 提供了完整的多平台设计环境，能满足各种特定设计的需要，也是单芯片可编程系统（SOPC）设计的综合性环境和 SOPC 开发的基本设计工具，并为 Altera DSP 开发包进行系统模型设计提供了集成综合环境。Quartus II 设计工具完全支持 VHDL、Verilog 的设计流程，其内部嵌有 VHDL、Verilog 逻辑综合器。Quartus II 也可以利用第三方的综合工具，如 Leonardo Spectrum、Synplify Pro、FPGA Compiler II，并能直接调用这些工具。同样，Quartus II 具备仿真功能，同时也支持第三方的仿真工具，如 ModelSim。此外，Quartus II 与 MATLAB 和 DSP Builder 结合，可以进行基于 FPGA 的 DSP 系统开发，是 DSP 硬件系统实现的关键 EDA 工具。

Quartus II 包括模块化的编译器。编译器包括的功能模块有分析/综合器(Analysis & Synthesis)、适配器（Fitter）、装配器（Assembler）、时序分析器（Timing Analyzer）、设计辅助模块（Design Assistant）、EDA 网表文件生成器（EDA Netlist Writer）、编辑数据接口（Compiler Database Interface）等。可通过选择 Start Compilation 来运行所有的编译器模块，也可以通过选择 Start 单独运行各个模块，还可以通过选择 Compiler Tool(Tool 菜单)，在 Compiler Tool 窗口中运行该模块来启动编译器模块，还可以打开该模块的设置文件或报告文件，或打开其他相关窗口。

此外，Quartus II 还包括许多十分有用的 LPM(Library of Parameterized Modules) 模块，它们是复杂或高级系统构建的重要组成部分，可在 Quartus II 中与普通设计文件一起使用。Altera 提供 LPM 函数均基于 Altera 器件的结构做了优化设计。在许多实用情况中，必须使用宏功能模块才可以使用一些 Altera 特定器件的硬件功能。例如各类片上存储器、DSP

模块、LVDS 驱动器、PLL 以及 SERDES 和 DDIO 电路模块等。

6.1.2 QuartusII软件开发流程

FPGA/CPLD 的设计开发分为不同的阶段，我们可以使用 QuartusII 软件来开发和管理自己的设计，完成全部的流程，如图 6-1 所示。

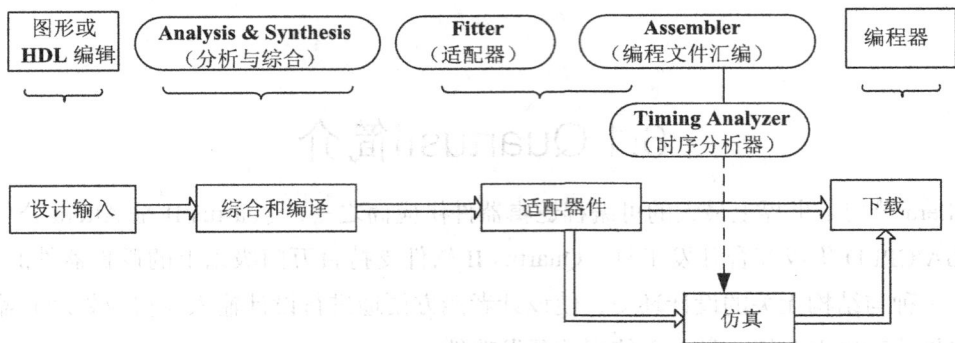

图6-1　Quartus II设计流程

图 6-1 上排所示的是 Quartus II 编译设计主控界面，它显示了 Quartus II 自动设计的各主要处理环节和设计流程，包括设计输入编辑、设计分析与综合、适配、编程文件汇编（装配）、时序参数提取以及编程下载几个步骤。图 6-1 下排的流程框图，是与上排的 Quartus II 设计流程相对照的标准的 EDA 开发流程。

6.1.2.1 设计输入

设计输入阶段，QuartusII 支持多种设计输入方式，比如原理图输入、文本输入（程序代码）或者调用 IP 核输入等。Quartus II 编译器支持的硬件描述语言有 VHDL、Verilog HDL 及 AHDL（Altera HDL）。AHDL 是 Altera 公司自己设计、制定的硬件描述语言，是一种以结构描述方式为主的硬件描述语言，只有企业标准。另外，Quartus II 允许来自第三方的 EDIF 文件输入，并提供了很多 EDA 软件的接口，Quartus II 支持层次化设计，可以在一个新的编辑输入环境中对使用不同输入设计方式完成的模块（元件）进行调用，从而解决了原理图与 HDL 混合输入设计的问题。

6.1.2.2 综合和适配

在设计输入完成后，通过编译，Quartus II 的编译器将给出编译报告，Quartus II 拥有性能良好的设计错误定位器，用于确定文本或图形设计中的错误。当设计无误时，即进入逻辑综合。

综合过程是将图形输入或者文本输入描述的电路向硬件实现的一座桥梁，综合过后会生成一种或者多种的电路网表文件。对于使用 HDL 的设计，可以使用 Quartus II 带有的 RTL Viewer 观察综合后的 RTL 图。

逻辑综合通过后必须利用适配器将综合后网表文件针对某一具体的目标器件进行逻辑映射操作，其中包括底层器件配置、逻辑分割、逻辑优化、逻辑布局布线操作。适配完成后可以利用适配所产生的仿真文件作精确的时序仿真，同时产生可应用于编程的文件。

6.1.2.3 仿真

仿真是基于一定的算法和元件模型对电路进行模拟测试和计算，以验证设计的正确性，主要分为时序仿真和功能仿真。在仿真前，需要利用波形编辑器编辑一个波形激励文件。

6.1.2.4 编程下载

编译和仿真检测无误后，便可以将下载文件通过 Quartus II 提供的编程器下载入目标器件中，进行硬件测试和验证了。

6.1.3 QuartusII用户界面

QuartusII 的用户界面比较友好，如图 6-2 所示，界面由菜单栏、工具栏、工程管理窗口、状态显示窗口、信息显示窗口、主工作区等组成。

6.1.3.1 菜单栏

File（文件），edit（编辑），view（视图），project（工程），assignments（分配），processing（操作），tools（工具），window（窗口）和 help（帮助）等。

6.1.3.2 工具栏

主要放置了一些常用的命令的快捷图标，比如新建、打开、引脚分配、编译、仿真、下载等主要过程的命令。

6.1.3.3 工程管理窗口

显示当前工程中所有相关的资源和文件，可方便地对工程进行各种设置。

6.1.3.4 编译状态窗口

显示工程编译时，分析、综合、布局等的过程状态及时间。

6.1.3.5 信息显示窗口

显示各种工程操作过程的信息，例如指示编译时出现的警告或错误的信息，提示错误的原因等。

6.1.3.6 主工作区

实施不同操作时，打开不同的工作窗口，例如图形编辑窗、文本编辑窗、引脚指派窗口等。

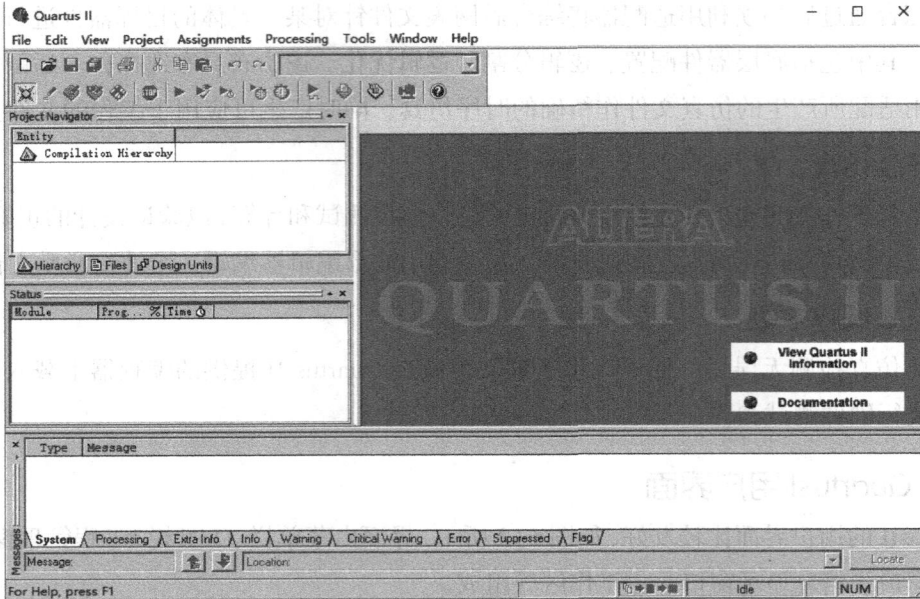

图6-2　QuartusII的界面

6.1.4 QuartusII文件管理体系

Quartus II 以工程（Project）的方式组织管理整个电路的设计及支持文件，如图 6-3 所示。因此在具体电路设计之前，需要为项目建立工程（*.qpf），由于整个项目会生成非常多的辅助文件，所以最好把所有设计文件放在某一个文件夹内。

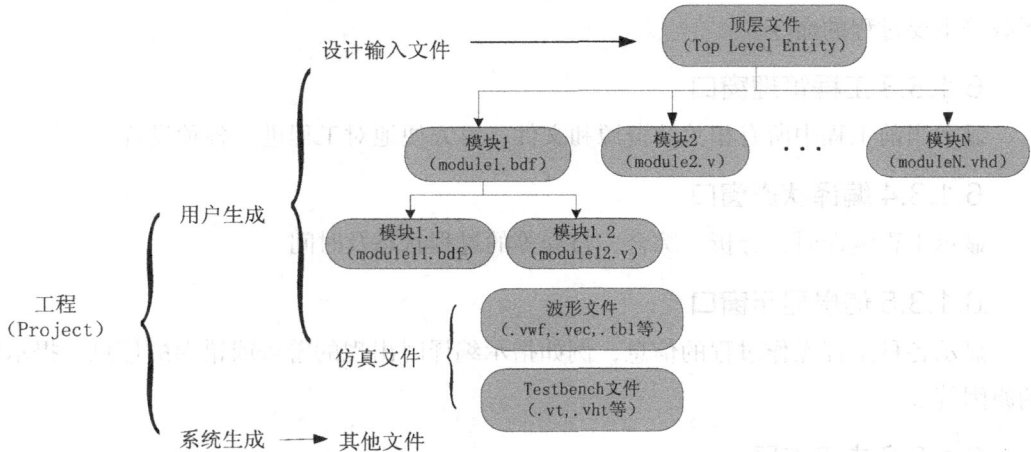

图6-3　QuartusII的文件管理

一个工程一定包含一个顶层电路模块文件，顶层文件只有一个，名字与工程名必须相同。无论是编译还是仿真，都只针对顶层文件来执行。顶层文件可以包含若干电路模块，这些模块可以调用其他电路模块，也可被其他模块调用，如图 6-3 所示。这样可以很方便地采用自底向上或者自顶向下的分层次设计方法设计整个电路。

当一个工程内有多个电路文件时，顶层文件可以更换。如图 6-4 所示，在工程管理窗口，点击 File 的标签，打开所有文件列表，选择某一个设计输入文件点击右键 Set as Top_Level Entity，即可将其设置为顶层文件。

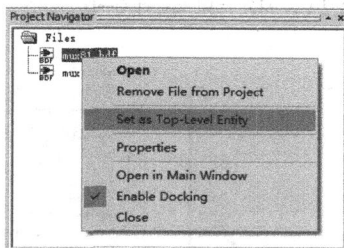

图6-4　设置顶层文件

除了设计输入之外，仿真所需要的文件也由用户生成。生成的方法，会在后面的章节里详细讨论。

6.2 QuartusII设计与仿真

6.2.1 实验原理——八选一数据选择器

数据选择器也称多路开关，通过改变地址输入信号，可以在多个数据输入中选择一个传送到输出。74151 是一种常见的 8 选 1 的数据选择器，逻辑符号如图 6-5 所示，具有 3 位地址输入，8 路数据输入，一个使能信号，以及一对互补的输出。

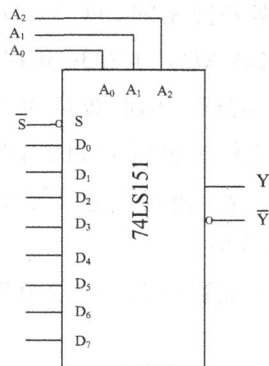

图6-5　74151的逻辑符号

本实验用 FPGA 来实现这样一个八选一的数据选择器，首先基于 QuartusII 软件，实现设计输入—编译与综合—适配—仿真等过程，然后连接 FPGA 的板子完成下载就可以了。用 QuartusII 实现设计输入需要以下几个步骤。

6.2.1.1 创建工程

在 QuartusII 中，电路所有的支撑文件都是以工程的形式组织和管理的，因此设计一个新的电路首先要新建一个工程。打开 File / New Project Wizard（新建工程向导），会跳出新工程向导的对话框，一共有 5 页，第一页如图 6-6 所示。

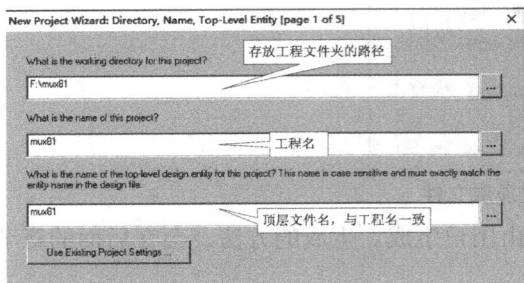

图6-6　新建一个工程　　　　　　　　图6-7　选择器件

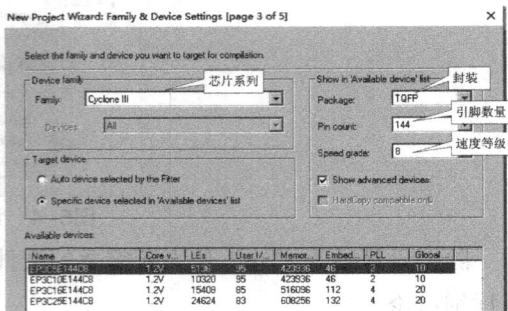

第一页设置存放工程的文件夹的路径，给出工程名和顶层文件名。每个工程需要建立一个独立的文件夹，以存放工程中诸多的原理图文件、文本设计文件、仿真波形文件以及各种软件自动生成的支撑文件。工程名，即要设计的电路的名称，命名时注意不要与系统元件库里的其他现有宏模块重名。顶层文件名，系统自动生成，必须与工程名一致。在后面的设计中，无论是顶层文件还是工程名，都是可以修改的。

第二页是向工程内添加或删除相关文件，没有可以先不添加，直接点击"next"。

第三页是选择目标器件，根据要使用的 FPGA 芯片进行选择，不同的硬件，提供的资源是不同的。例如要使用 FPGA 型号为 EP3C5E144C8，首先在 Family 一栏中选择"CycloneIII"系列，封装类型选择 TQFP，引脚数量为 144，速度等级为 8 级，即可显示如图 6-7 所示的窗口，在下面的列表栏中选择对应的器件，点击"next"即可。

第四页，选择第三方 EDA 的综合、仿真、定时等分析工具，对开发工具不熟悉的初学者，建议使用 QuartusII 系统默认选项。

第五页为工程设置统计窗口，上面罗列出工程的相关信息，核对无误后点击"Finish"按钮完成工程创建。

6.2.1.2 原理图输入

创建好工程后，就可以进行原理图的输入了。单击 File / New 命令，弹出 New 对话框，如图 6-8 所示。

选择 DesingFiles 中的第二项"Block Diagram/Schematic File"即可打开原理图编辑窗口，如图 6-9 所示。

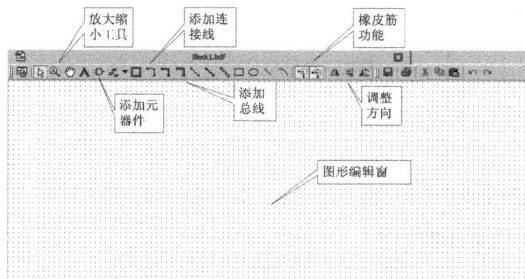

图6-8　图形编辑窗口

图6-9　新建原理图文件

点击图形编辑窗上的添加元器件的按钮，或者在图形编辑窗任何位置双击，都可以跳出元器件库的对话框，如图 6-10 所示。

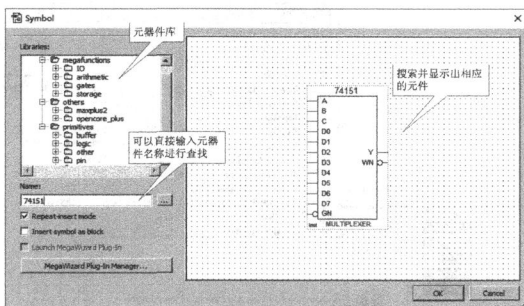

图6-10　元器件库选择元器件

QuartusII 的元器件库主要有三类，基本逻辑函数（primitives）、宏模块函数（megafunction）以及其他函数（others）。利用元器件库，可以直接应用这些模块设计原理图，从而简化了许多工作。

在这里，既可以在元器件库中查找八选一的数据选择器，也可以直接在"name"下面的文本框中输入芯片信号 74151 来找寻器件，然后点击"OK"选中器件放置到图形编辑窗中。再根据需要放置输入输出端口——input 和 output。放置好元器件后，用鼠标拖曳的方式将模块间的对应管脚连接起来。连线完成后，双击端口可以给端口命名，按图 6-11 所示给各个端口分别命名。端口命名可以使用英文字母、数字或是一些特殊符号"/""_"，大小写不区分，不可以使用数字开头，注意不要重名。

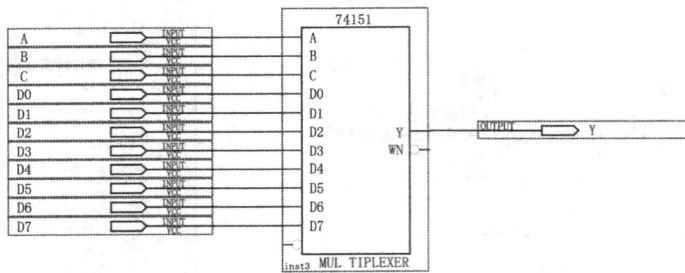

图6-11　原理图

6.2.1.3 编译

原理图编辑好之后，点击菜单中的 Proceing/Start Compilation，进行全局编译。全局编译会执行多项操作，包括排错、数据网表文件提取、逻辑综合、适配装配文件生成，以及基于目标器件硬件性能的时序分析等。

编译成功，如图 6-12 所示对话框提示，并且给出硬件耗用统计报告。

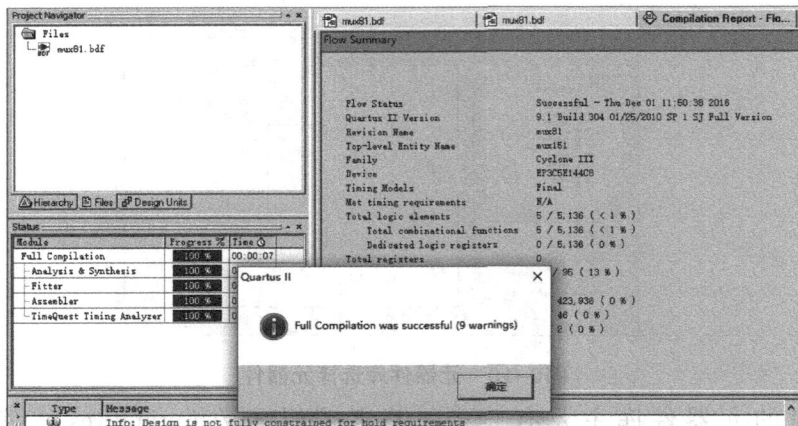

图6-12　编译成功的提示

编译过程如果出错，下部的信息显示窗口会有红色文字提示错误信息。这时应根据提示修改错误的地方，重新启动编译，直至排除所有错误。

6.2.1.4 仿真

编译通过后，为了了解设计结果是否满足设计要求，需要进行仿真。仿真需要以下几个步骤：

首先，新建一个波形文件。点击菜单 File/New，跳出新建的对话框，如图 6-13 所示。选择第三类 Verification/Debugging Files 下面的 Vector Waveform File，点击 OK，即可打开波形编辑窗口，如图 6-14 所示。

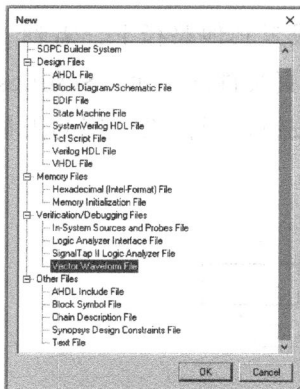

图6-13　新建波形文件

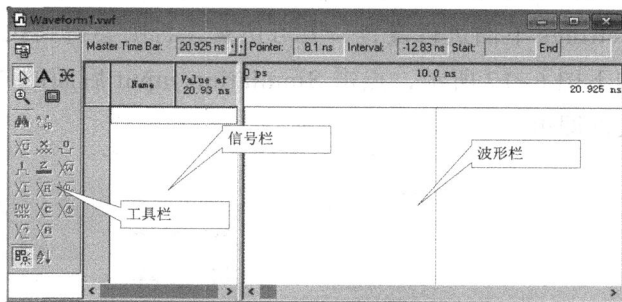

图6-14　波形编辑窗

在波形编辑窗口双击，添加信号。在跳出来的节点编辑器里，点击 Node Finder，打开节点查找器，filter 选择 Pins：all，点击 List，将列出所有的输入输出端口，如图 6-15 所示。点击》按键，选择所有端口。

选择了所有输入输出端口后，点击 OK 返回波形编辑窗，即可看到所有信号均加载进来。接下来需要对所有输入信号进行赋值，赋值的时候需要考虑到尽可能多的测试情况。

点击 Edit 中的 End Time，设置仿真结束时间，通常设置为几十微秒。在这里可以设置为 50 μs。同样的，在菜单 Edit 中将 Grid Size 设置为 100ns，以便于观察波形。

对输入信号进行赋值有多种方式，如图 6-16 所示。

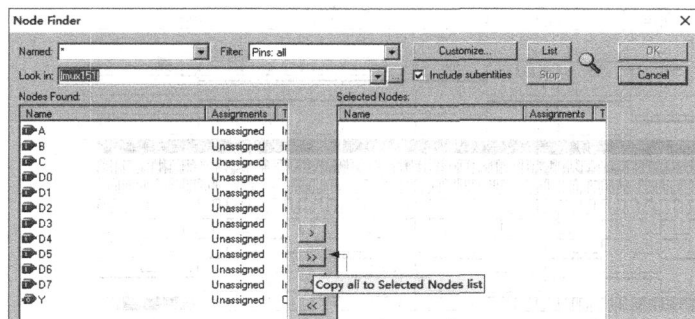

图6-15　Node find 窗口

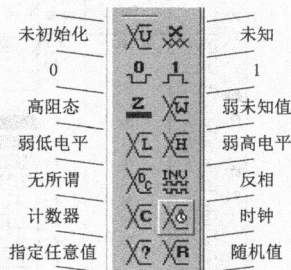

图6-16　赋值方式

为了方便测试和赋值，在这里，可以把 A、B、C 三个向量组合起来（Grouping）整体赋值。方法是，选中三个向量，点右键选择 Grouping，并取名，比如 ABC。即得到一个包含三根信号线的输入向量组 ABC，可对它进行整体赋值。在这里赋给它计数值，timing 参数设置为 1 μs，即 1 μs 计一次数。为了便于区别，D0~D7 的信号分别赋为不同频率的信号，选择赋值方式为时钟方式，Time period 分别设置为 25ns、50ns、100ns、200ns、400ns、800ns、1600ns 到 3200ns。

　　赋值完成后，必须存盘，保存文件名与工程名一致，波形文件就存放在工程的文件夹内，系统便可以自动关联仿真。如果存储为其他名字或者其他路径下，需到工程的 Settings 下面进行设置，方可仿真，否则会得到找不到仿真文件的提示。Settings 窗口如下图 6-17 所示，点击 Simulation input 后面的"…"按钮选择仿真要用的矢量波形文件即可。

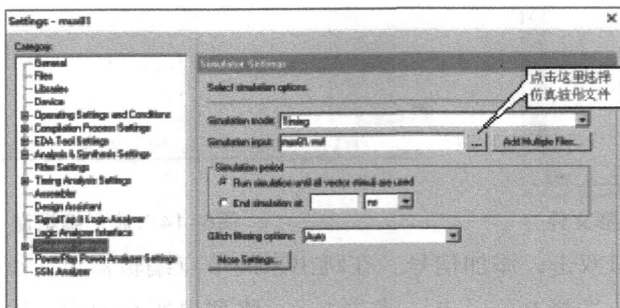

图6-17　Settings窗口

　　启动仿真，点击菜单栏里的 Processing 中的 Start Simulation，开始仿真，等到出现 Simulation was successful，仿真完成。

　　仿真结果如下图 6-18 所示，可以看出，当地址从 000 到 111 变化时，输出信号分别等于数据输入 D0，D1，D2，…，D7 的值，从而验证了八选一的数据选择器的功能。

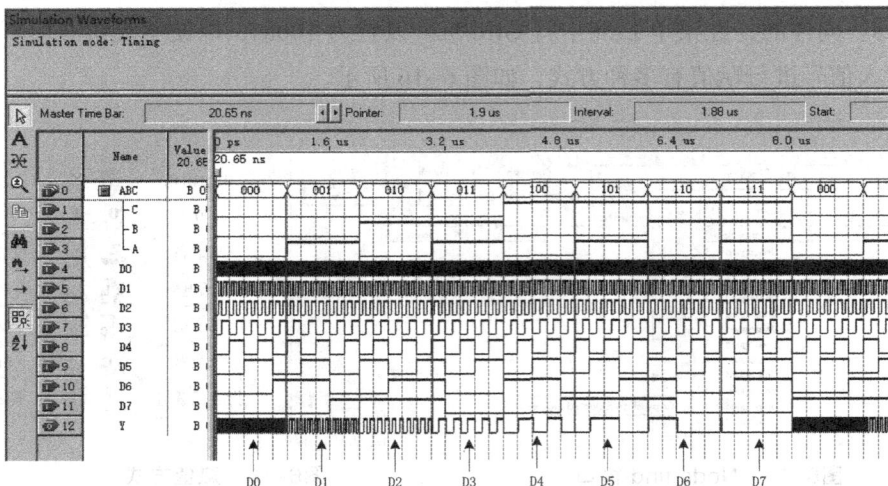

图6-18　仿真结果

6.2.2 实验原理——全加器

　　一位全加器是带有低位进位输入的加法电路，是算术运算电路的基本逻辑单元，其逻辑真值表如表 6-1 所示。

表6-1 全加器真值表

输入			输出	
A	B	CI	S	CO
0	0	0	0	0
0	0	1	1	0
0	1	0	1	0
0	1	1	0	1
1	0	0	1	0
1	0	1	0	1
1	1	0	0	1
1	1	1	1	1

根据真值表，可以得到输入函数逻辑表达式如下：

$$S = \overline{A}\,\overline{B}CI + \overline{A}B\overline{CI} + A\overline{B}\,\overline{CI} + ABC = \sum\nolimits_m (1,2,4,7) \qquad (6-1)$$

$$CO = AB + BCI + ACI = \sum\nolimits_m (3,5,6,7) \qquad (6-2)$$

实现一位全加器有很多种方法，例如，我们可以用译码器 74138 来实现。74138 是一种 3 线—8 线译码器，它的原理和使用方法在第二章中已经论述过，不再赘述。使用 74138 和与非门来实现一位全加器，逻辑电路如图 6-19 所示。

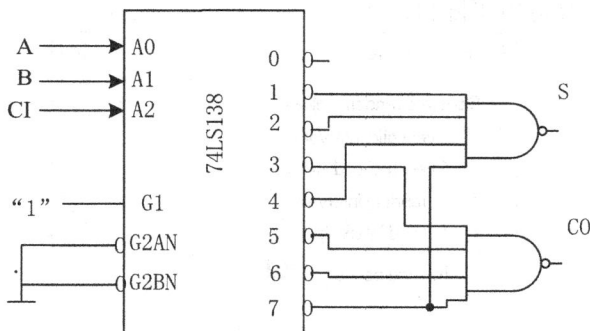

图6-19 用译码器实现一位全加器

要用 FPGA 来实现这个电路，步骤和上一个实验基本相同：先打开 QuartusII 编辑输入原理图，编译、仿真无误后，引脚锁定和编程下载到 FPGA 芯片中即可实现。具体步骤可以参考上一个实验。

6.2.2.1 设计输入

（1）创建工程，点击菜单 File / New Project Wizard，打开工程设计向导，选择新电路工程存放的路径，设置工程名和顶层文件名均为 adder。器件选择 CycloneIII 系列中的 EP3C5E144C8，其余选择系统默认选项，直到创建工程完毕。

（2）打开图形编辑窗口，新建一个原理图文件。点击菜单 File / New，选择创建一个

Block Diagram/Schematic File，点 OK 打开图形编辑窗。

（3）添加元器件，输入输出端口，连接导线，绘制原理图如图 6-20 所示。

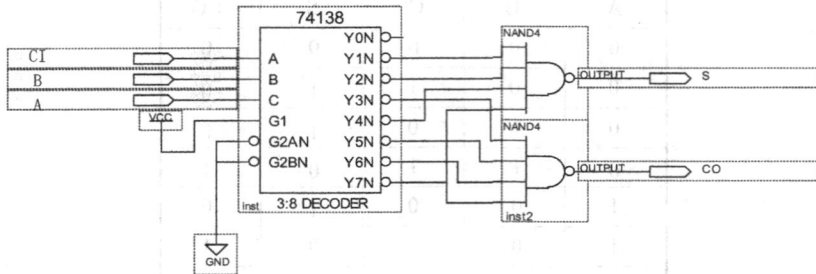

图6-20　原理图绘制

6.2.2.2 编译及仿真

（1）编译。原理图编辑好之后，点击菜单中的 Proceing/Start Compilation，进行全局编译。如有错误，改正错误直到编译成功为止。

（2）新建波形仿真文件。点击菜单 File/New，选择第三类 Verification/Debugging Files 下面的 Vector Waveform File，点击 OK，打开波形编辑窗。

（3）选择所有的输入输出信号作为仿真节点，并对输入信号赋随机值（Random Value），赋值对话框如图 6-21 所示。可以选择随机值产生的时序，例如这里选择每 100ns 改变一次输入信号，高低电平随机产生。

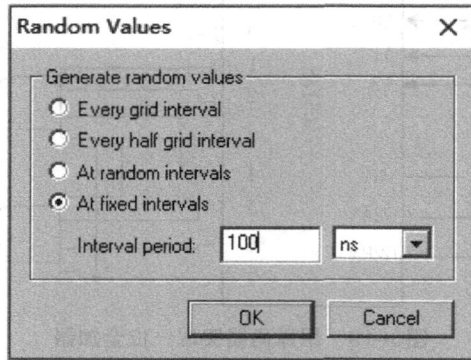

图6-21　赋值对话框

（4）仿真结果如图 6-22 所示。

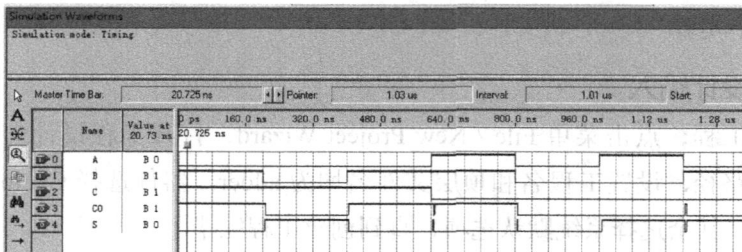

图6-22　仿真结果

不难发现，仿真结果中，有一些毛刺。如果打开菜单中 Assignments 中的 Settings，选择 Simulator Settings，可以看到在 Simulation Mode 一栏中，系统默认的设置是 Timing，即时序仿真。仿真分为功能仿真和时序仿真，功能仿真是在设计输入之后，还没有综合布局布线之前的仿真，也称为前仿真。时序仿真是在综合、布局布线之后，考虑电路已经映射到特定的工艺环境后和器件延时的情况下进行的仿真，也称为后仿真。由于时序仿真考虑了器件在最坏情况下的时序，可以暴露电路的更多问题，因此一般进行时序仿真。

在上面这个电路中，输入信号 A、B、C，由于转换时间有快有慢，从而导致输出端产生毛刺。

6.3　习题

（1）用 3 线—8 线译码器宏模块 74138，设计和实现三人表决电路。用 FPGA 实现其逻辑功能并测试。使用 QuartusⅡ 完成创建工程，编辑电路图，编译，编辑波形文件仿真，测试其功能，记录波形并说明仿真结果。

（2）用八选一的数据选择器宏模块 74151，设计一个电路，该电路有 3 个输入逻辑变量 A、B、C 和 1 个工作状态控制变量 M，当 M = 0 时电路实现"意见一致"功能（A、B、C 状态一致输出为 1，否则输出为 0），而 M = 1 时电路实现"多数表决"功能，即输出与 A、B、C 中多数的状态一致。用 FPGA 实现其逻辑功能并测试。使用 QuartusⅡ 完成创建工程，编辑电路图，编译，编辑波形文件仿真，测试其功能，记录波形并说明仿真结果。

（3）设计一个五人表决器电路，参加表决者 5 人，同意为 1，不同意为 0，结果取决于多数人的意见。使用 QuartusⅡ 创建工程，用 VerilogHDL 语言设计电路，编译，编辑波形文件仿真，测试其功能，记录波形并说明仿真结果。

（4）设计一个密码锁。密码锁的密码可以由设计者自行设定，设该锁有规定的 4 位二进制代码 $A_3A_2A_1A_0$ 的输入端和一个开锁钥匙信号 B 的输入端，当 B=1（有钥匙插入）且符合设定的密码时，允许开锁信号输出 Y_1=1（开锁），报警信号输出 Y_2=0；当有钥匙插入但是密码不对时，Y_1=0，Y_2=1（报警）；当无钥匙插入时，无论密码对否，Y_1=Y_2=0。使用 QuartusⅡ 创建工程，用 VerilogHDL 语言设计电路，编译，编辑波形文件仿真，测试其功能，记录波形并说明仿真结果。

（5）设计驱动 7 段共阴极数码管显示的译码器电路，其真值表如下表所示。用 FPGA 实现其逻辑功能并测试。使用 QuartusⅡ 创建工程，用 VerilogHDL 语言设计电路，编译，编辑波形文件仿真，测试其功能，记录波形并说明仿真结果。

显示译码器真值表

输入					输出	字型
数字	A_3	A_2	A_1	A_0	$Y_a Y_b Y_c Y_d Y_e Y_f Y_g$	
0	0	0	0	0	1 1 1 1 1 1 0	0
1	0	0	0	1	0 1 1 0 0 0 0	1
2	0	0	1	0	1 1 0 1 1 0 1	2
3	0	0	1	1	1 1 1 1 0 0 1	3
4	0	1	0	0	0 1 1 0 0 1 1	4
5	0	1	0	1	1 0 1 1 0 1 1	5
6	0	1	1	0	1 0 1 1 1 1 1	6
7	0	1	1	1	1 1 1 0 0 0 0	7
8	1	0	0	0	1 1 1 1 1 1 1	8
9	1	0	0	1	1 1 1 1 0 1 1	9

（6）设计一个电机报警电路。有 A、B、C、D 四台电机，要求 A 动 B 必动，C、D 不能同时动，否则报警。使用 QuartusII 创建工程，用 VerilogHDL 语言设计电路，编译，编辑波形文件仿真，测试其功能，记录波形并说明仿真结果。

（7）设计一个皮带传动机报警电路。有 A、B、C 三条皮带，送货方向为 A → B → C，为防止物品在传动带上堆积，造成落地损坏，要求：C 停 B 必停，B 停 A 必停，否则就发出警报信号。使用 QuartusII 创建工程，用 VerilogHDL 语言设计电路，编译，编辑波形文件仿真，测试其功能，记录波形并说明仿真结果。

（8）采用 6MHz 晶振，使用定时器 / 计数器 1 在 P1.0 脚上输出周期为 100ms，占空比为 30% 的矩形脉冲，以工作方式 2 编程实现。

（9）设计一个码制转换电路，将 BCD 码转换成格雷码。使用 QuartusII 创建工程，用 VerilogHDL 语言设计电路，编译，编辑波形文件仿真，测试其功能，记录波形并说明仿真结果。

（10）设计一个指示电气列车开动的逻辑电路。有一列自动控制的地铁电气列车，在所有的门都已关上和下一段路轨已空出的条件下才能离开站台。但是，如果发生关门故障，则在开着门的情况下，车子可以通过手动操作开动，但仍要求下一段空出路轨。（设输入信号：A 为门开关信号，A=1 门关；B 为路轨控制信号，B=1 路轨空出；C 为手动操作信号，C=1 手动操作。）使用 QuartusII 创建工程，用 VerilogHDL 语言设计电路，编译，编辑波形文件仿真，测试其功能，记录波形并说明仿真结果。

第7章 Vivado开发流程

7.1 Vivado简介及安装

7.1.1 Vivado软件简介

Vivado 设计套件，是 FPGA 厂商赛灵思公司 2012 年发布的集成设计环境。包括高度集成的设计环境和新一代从系统到 IC 级的工具，这些均建立在共享的可扩展数据模型和通用调试环境基础上。这也是一个基于 AMBA AXI4 互联规范、IP-XACT IP 封装元数据、工具命令语言 (TCL)、Synopsys 系统约束 (SDC) 以及其他有助于根据客户需求量身定制设计流程并符合业界标准的开放式环境。

Vivado 软件的开发流程如图 7-1 所示。

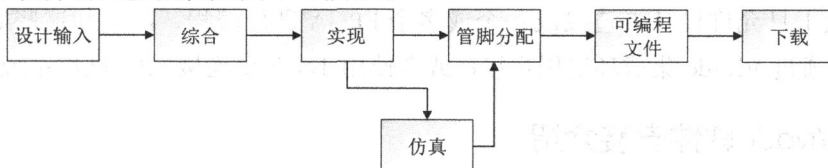

图7-1 Vivado软件的开发流程

7.1.1.1 设计输入

设计输入阶段，Vivado 支持多种设计输入方式，比如 RTL 源文件（包括 Verilog、System Verilog、VHDL、NGC 或者测试平台文件）、Xilinx IP 目录内的 IP、用于层次化模块的 EDIF 网表、Vivado IP 集成器内创建的块设计、DSP 源文件等。其中 IP 可以包括 Vivado 生成的 XCI 文件、由核生成工具生成的过时的 XCO 文件、预编译的 EDIF 或者 GNC 格式的 IP 网表。

综合：综合的过程是将行为级或 RTL 级的设计描述和原理图等设计输入转换成由与门、或门、非门、RAM 和触发器等基本逻辑单元组成的逻辑连接的过程，并且将 RTL 推演的网表文件映射为 FPGA 器件的原语，生成综合的网表文件，这个过程有时候也称为工艺映射。综合过程包括两方面内容，是对硬件语言源代码输入进行翻译与逻辑层次上的优化，二是对翻译结果进行逻辑映射与结构层次上的优化，最后生成逻辑网表。

7.1.1.2 实现

实现是将综合输出的网表文件翻译成所选器件的底层模块与硬件原语，将设计映射到

FPGA 器件结构上，进行布局布线，达到利用选定器件实现设计的目的。Vivado 的实现流程是一系列运行于内存中的数据库之上的 Tcl 命令。

7.1.1.3 管脚分配

Vivado 设计基于目前最流行的一种约束格式，即 Synopsys 设计约束，并增加了对 FPGA 的 I/O 引脚分配，从而构成了新的 Xilinx 设计约束。XDC 引脚约束从整个系统角度进行约束，可适用于大型设计工程的要求，可在指定的层次上进行搜索。网线名称保持不变，任何设计阶段都能找到，并且与综合布局布线两者互不影响。

7.1.1.4 仿真

仿真是基于一定的算法和元件模型对电路进行模拟测试和计算，以验证设计的正确性，主要分为时序仿真和功能仿真。仿真前，要设置好激励文件。

7.1.1.5 可编程文件

通过配置生成二进制比特流文件，编程文件用于对 FPGA 进行配置，通过调试主机和目标 FPGA 之间的 JTAG 通道，将编程文件下载到 FPGA。

7.1.1.6 下载

当生成用于编程 FPGA 的比特流数据后，将比特流数据下载到目标 FPGA 元器件中。Vivado 集成工具允许设计者连接成一个或多个 FPGA 进行编程，同时和这些 FPGA 进行交互也可以通过 Vivado 集成环境用户接口或者使用 Tcl 命令连接 FPG 硬件系统。

7.1.2 Vivado软件安装介绍

打开"Xilinx_Vivado_SDK_2017.3_1005_1"文件夹，双击执行 xsetup.exe 安装程序，点击 Continue，如图 7-2 所示，再点击 Next。

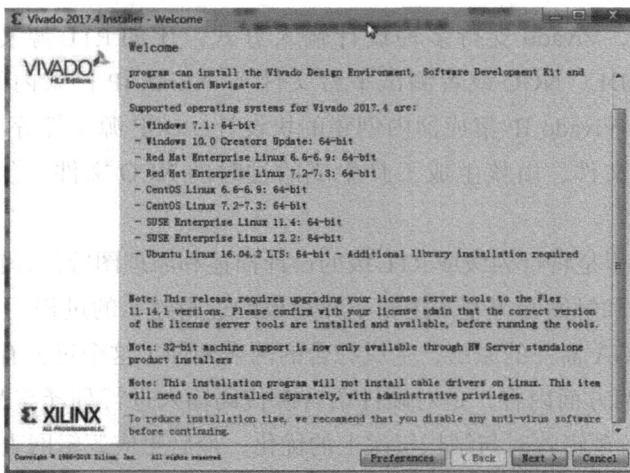

图7-2　Vivado安装界面

如图 7-3 所示，勾选 3 个 I Agree，然后 Next。

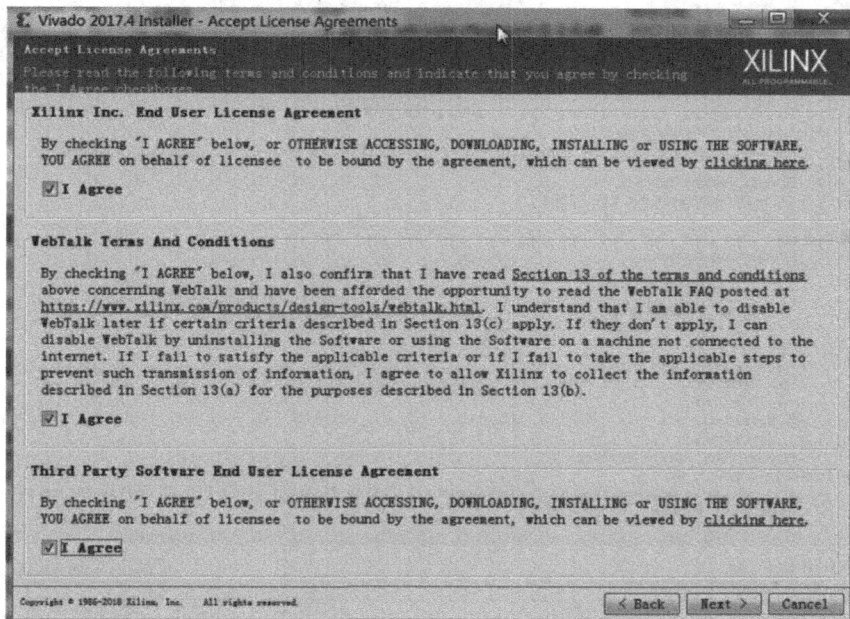

图7-3　勾选3个I Agree

如图 7-4 所示，用户可以自定义旋转 Vivado HL Design Edition 或者 Sytem Edition。

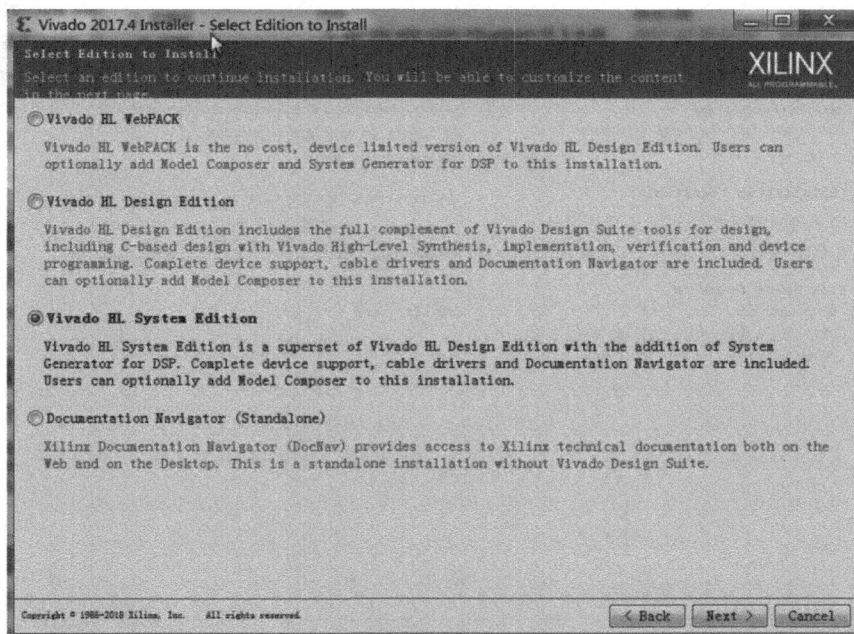

图7-4　自定义界面

如图 7-5 所示，勾选自己想要的安装工具。

电子科创实训基础教程

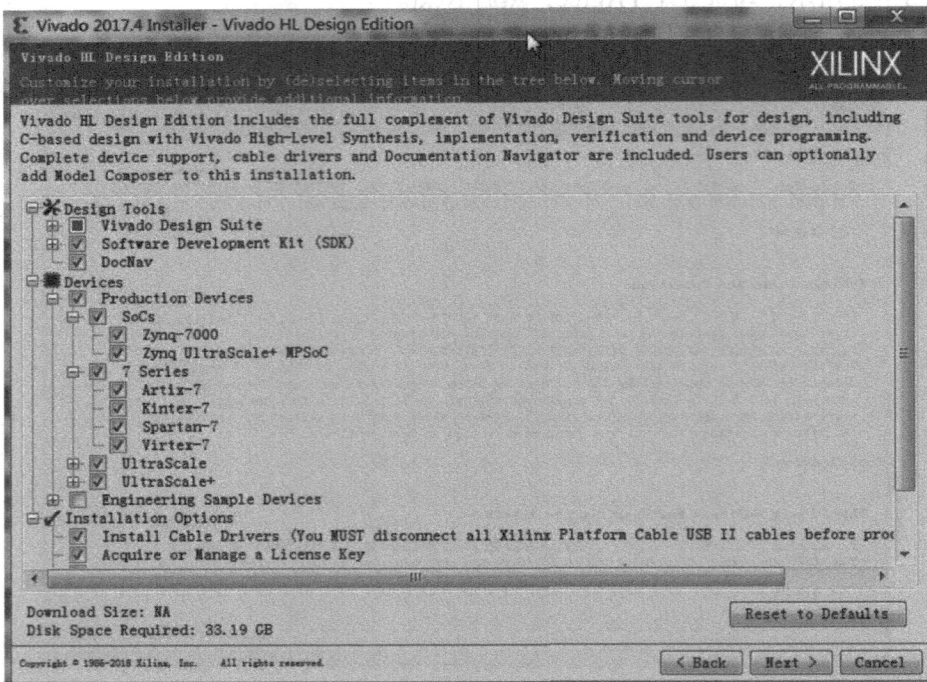

图7-5　勾选安装工具

如图 7-6 所示，选择安装路径。

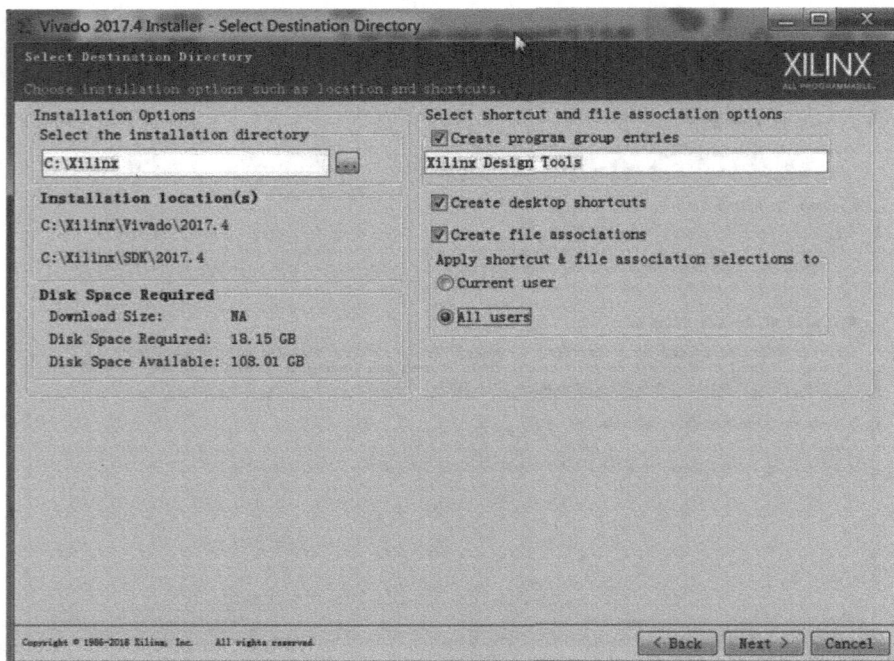

图7-6　选择安装路径

如 图 7-7 所 示，打 开 "Xilinx_Vivado_SDK_2017.3_1005_1" 文 件 夹，双 击 执 行 xsetup.exe 安装程序，点击 Continue，再点击 Next。

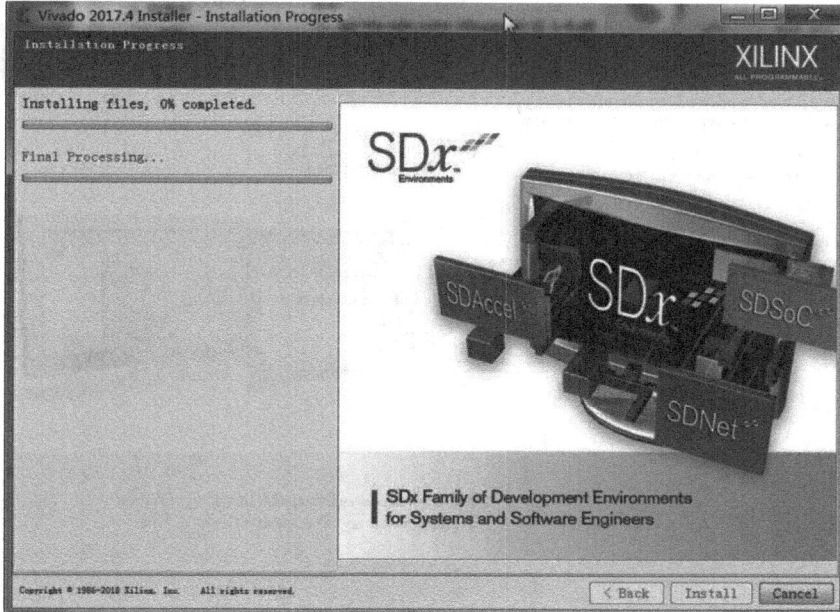

图7-7　执行安装文件

如图 7-8，等待安装过程。

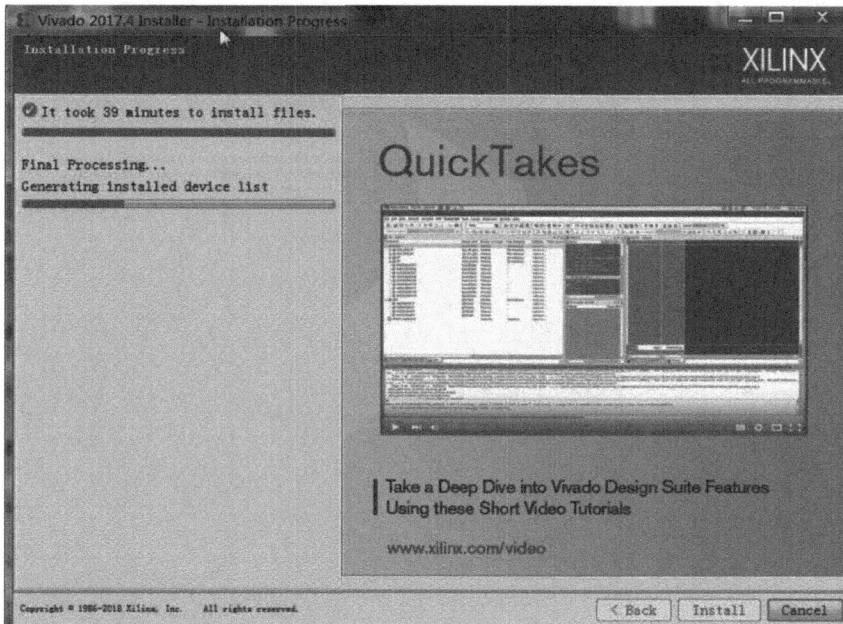

图7-8　等待安装界面

安装成功，会跳出来 Installation completed successfully，如图 7-9 所示。

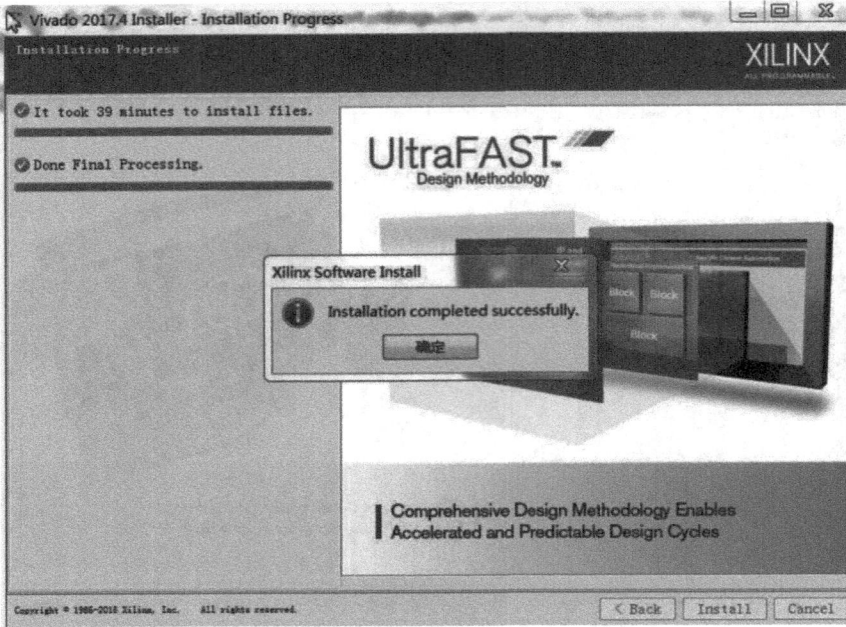

图7-9　安装结束界面

如图 7-10 所示，选择相应的 license，安装完毕。

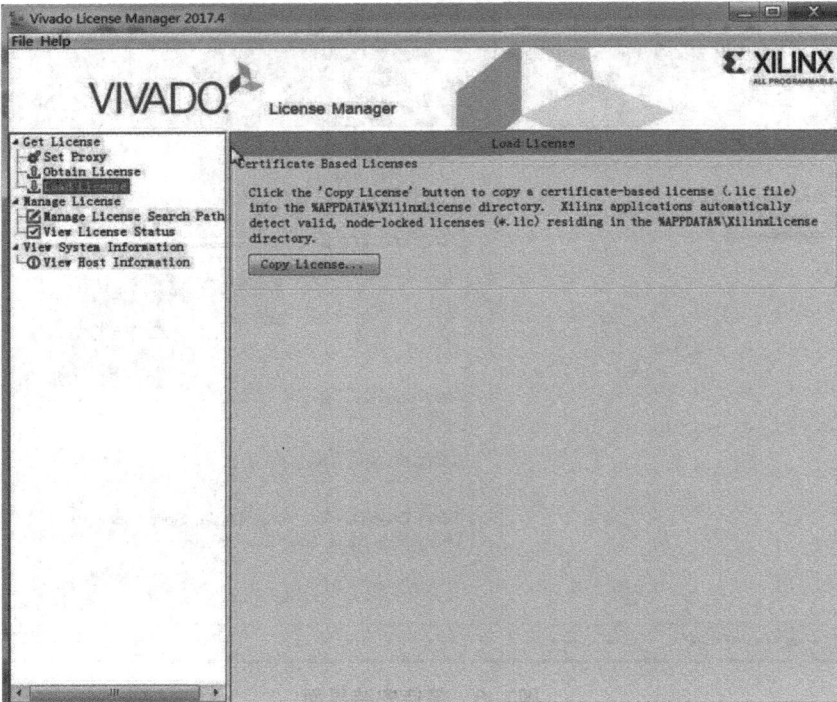

图7-10　安装license

7.2 Vivado设计与仿真

本节内容用 FPGA 来实现这样一个双四选一的数据选择器。基于 Vivado 软件，添加 IP 核文件，采用原理图方式完成双四选一的数据选择器的设计，设计过程包括创建工程、添加 IP 核文件、创建原理图、设计综合、设计实现、创建仿真文件、仿真分析等。

7.2.1 Vivado原理图设计

7.2.1.1 创建新的工程

（1）打开 Vivado 2017.2 设计软件，主界面如图 7–11 所示，选择 Quick Start 分组中的 Create Project 选项，创建新的工程，单击 Next 按钮。

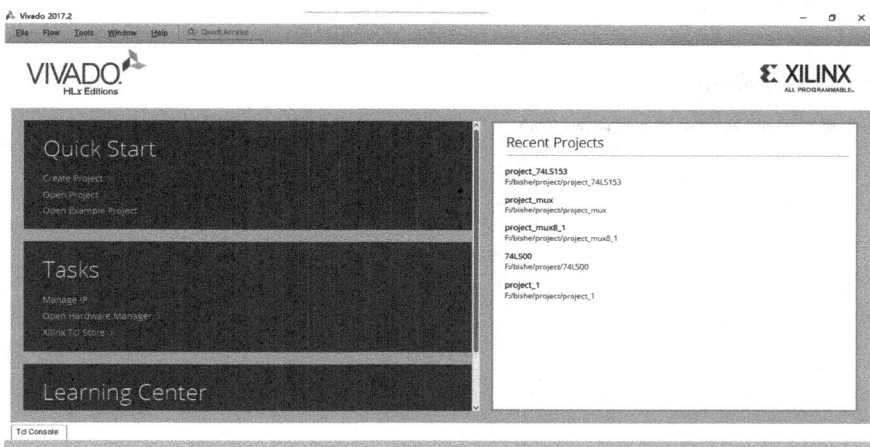

图7–11　Vivado主界面

（2）弹出 New Project 对话框，如图 7–12 所示，单击 Next 按钮，开始创建新的工程。

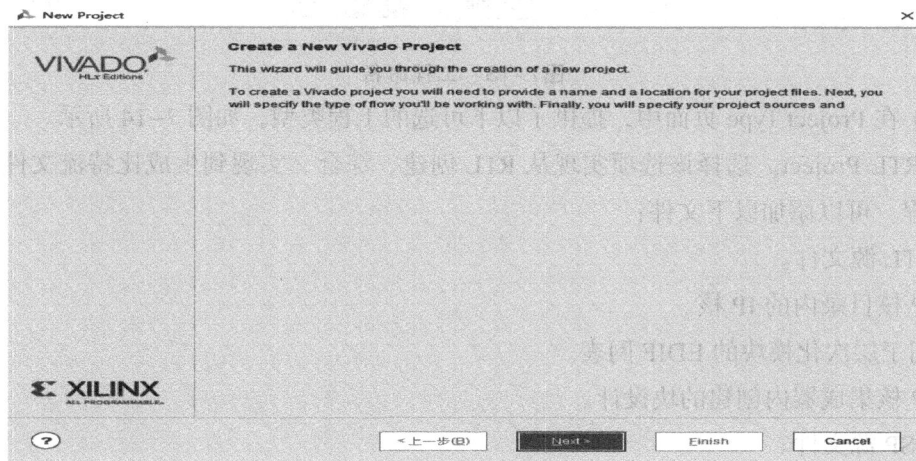

图7–12　创建新的Vivado工程

（3）在 Project Name 页面中，修改工程名称和存储路径，如图 7-13 所示。注意，工程名称和存储路径中不能出现中文字样和空格，建议工程名称由字母、数字、下划线组成。例如将工程名称修改为 74LS153，并设置存储路径，同时勾选 Create project subdirectory 选项，以创建工程子目录。这样，整个工程文件都将存放在创建的 74LS153 子目录中，单击 Next 按钮。

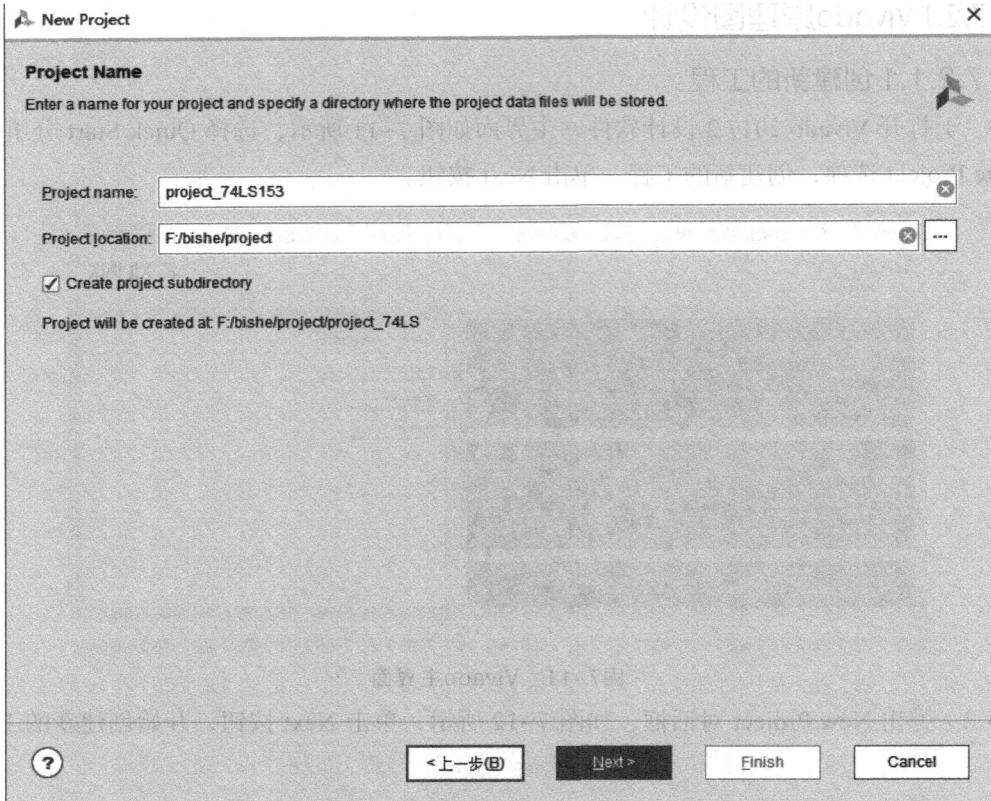

图7-13　工程命名

（4）在 Project Type 页面中，提供了以下可选的工程类型，如图 7-14 所示。

① RTL Project。选择该选项实现从 RTL 创建、综合、实现到生成比特流文件的整个设计流程。可以添加以下文件：

·RTL 源文件。

·IP 核目录内的 IP 核。

·用于层次化模块的 EDIF 网表。

·IP 核集成器内创建的块设计。

·DSP 源文件。

② Post-synthesis Project。选择该选项，可以使用综合后的网表创建工程。可以通过

Vivado、XST 或者第三方的综合工具生成网表。

③ I/O Planning Project。选择该项，可以创建一个空的 I/O 规划工程，在设计的早期阶段就能够执行时钟资源和 I/O 规划，用来发现不同器件结构中逻辑资源的可用情况。既可以在 Vivado 中定义 I/O 端口，也可以通过 CSV 或者 XDC 文件进行导入。

④ Impor Project。选择该选项，可以将 Synplify、XST 或者 ISE 设计套件创建的 RTL 数据导入 Vivado 工程中。在导入这些文件时，同时也导入工程源文件和编译顺序，但是不导入实现的结果和工程的设置。

⑤ Example Project。该选项表示从预先定义的模板设计中创建一个新的 Vivado 工程。选择 RTL Project 选项。由于该工程无须创建源文件，因此勾选 Do not specify sources at this time（不指定添加源文件）选项，单击 Next 按钮。

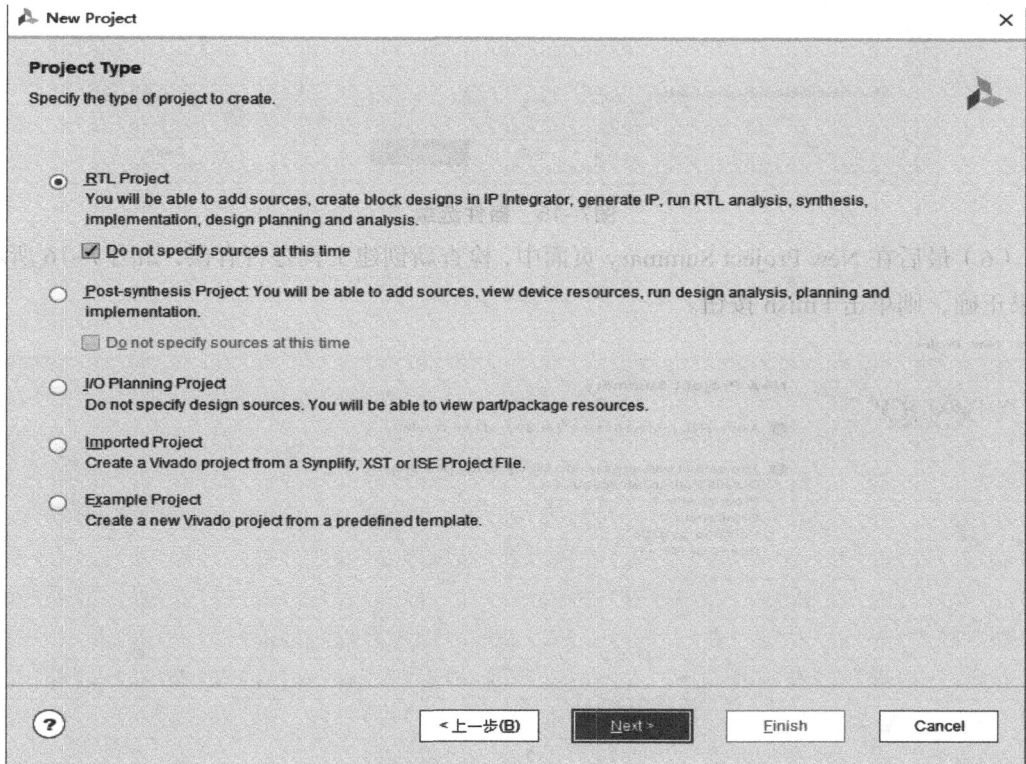

图7-14　选择工程类型

（5）在 Default Part 页面中，根据要使用的 FPGA 芯片进行选择，不同的硬件，提供的资源是不同的。例如要使用 FPGA 型号为 xc7a35t，在 Family 一栏选择 Artix-7，在 Package 一栏选择 csg324，在 Speed grade 一栏选择 -1，找到 xc7a35t 并选中，点击 "next" 即可。如图 7-15 所示。

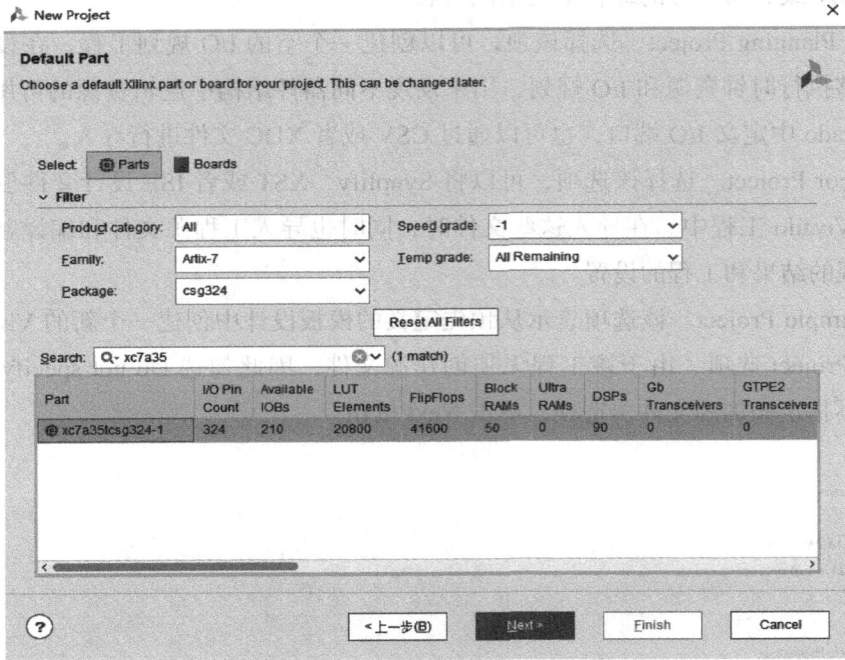

图7-15　器件选型

（6）最后在 New Project Summary 页面中，检查新创建工程是否有误，如图 7-16 所示。如果正确，则单击 Finish 按钮。

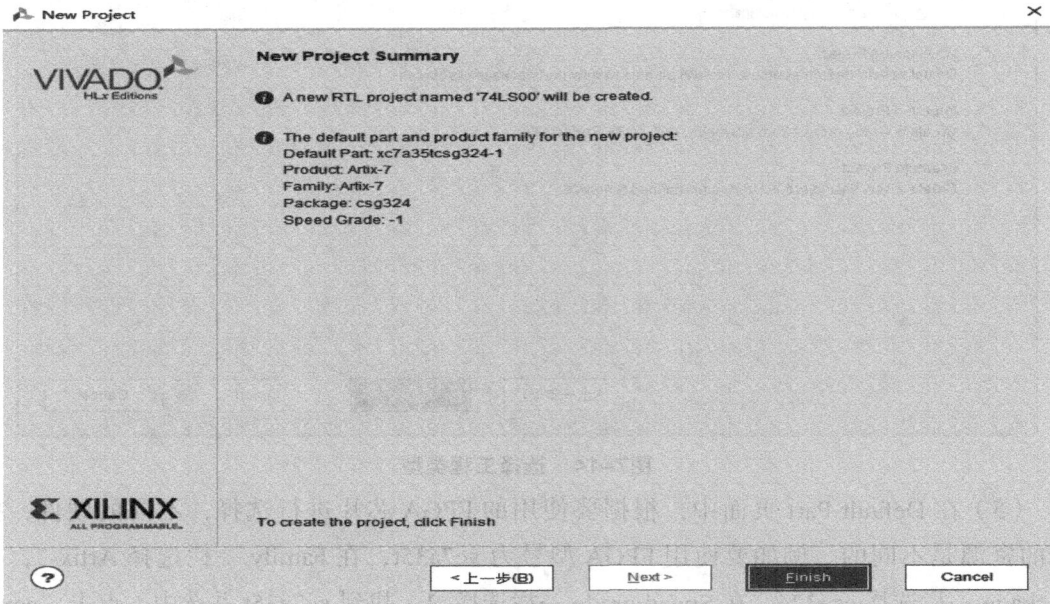

图7-16　新工程总结

（7）此时得到一个空白的 Vivado 工程，如图 7-17 所示，完成空白工程的创建。

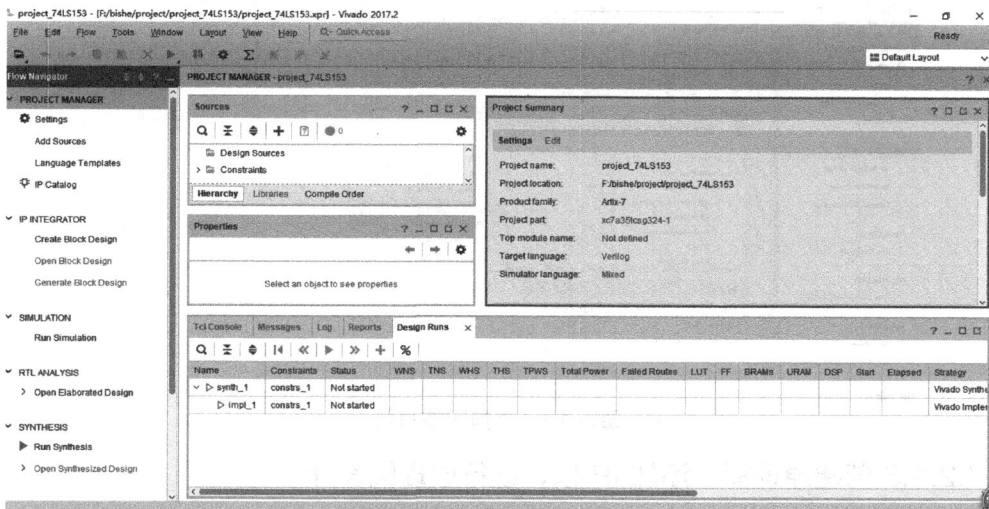

图7-17　空白的Vivado工程

7.2.1.2 添加 IP 核文件

工程建立完毕后，需要将工程所需的 IP 核目录复制到本工程文件夹下。本工程需要用到 IP 核目录 74LS153。

（1）在 Flow Navigator 中，单击 PROJECT MANAGER 下的 IP Catalog 选项，进行 IP 核目录设置，如图 7-18 所示。

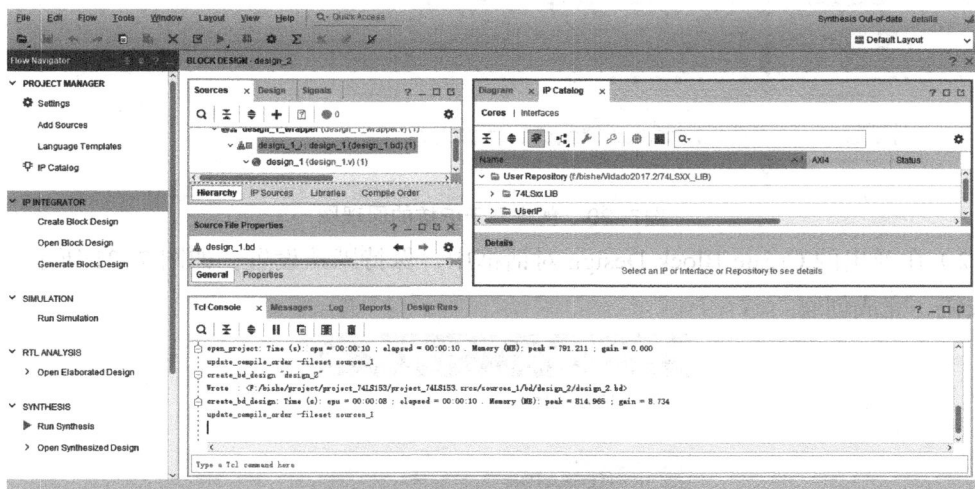

图7-18　IP核目录设置

（2）进入 IP Catalog 页面，右键单击，从快捷栏中选择 Add Repository 命令，添加本工程文件下的 IP 核目录。如图 7-19 所示。完成目录添加后，可以看到所需 IP 核已经自动添加，单击 OK 按钮，完成 IP 核添加。

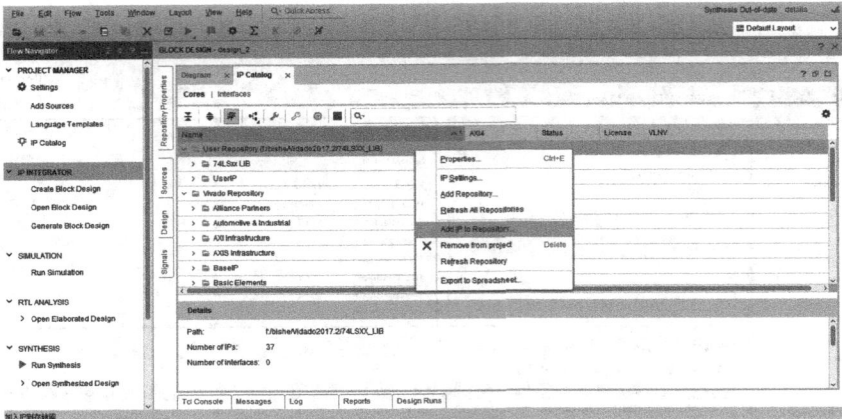

图7-19　添加IP核目录

7.2.1.3 创建原理图，添加 IP 核，进行原理图设计

（1）在 Flow Navigator 中，单击 IP INTEGRATOR 下的 Create Block Design 选项，创建基于 IP 核的原理图，如图 7-20 所示。

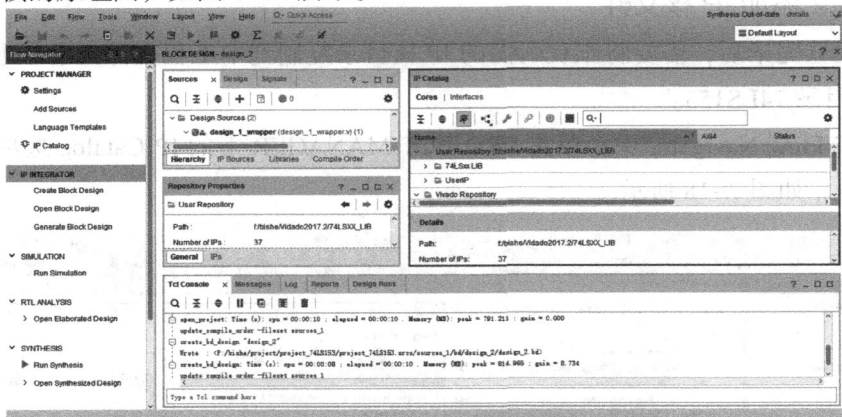

图7-20　创建基于IP核的原理图

（2）在弹出的 Create Block Design 对话框中，保持默认设置，如图 7-21 所示，单击 OK 按钮，完成创建。

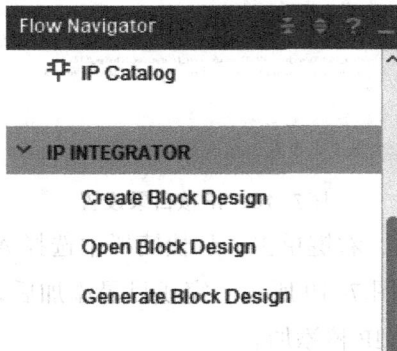

图7-21　IP核集成器

（3）在原理图设计界面中，有三种添加 IP 核的方式，如图 7-22 所示。

①原理图设计界面中部的"+"按钮。

②原理图设计界面的上方工具栏"+"按钮。

③在原理图设计界面空白区域，右键单击，从快捷栏中选择 Add IP 命令。

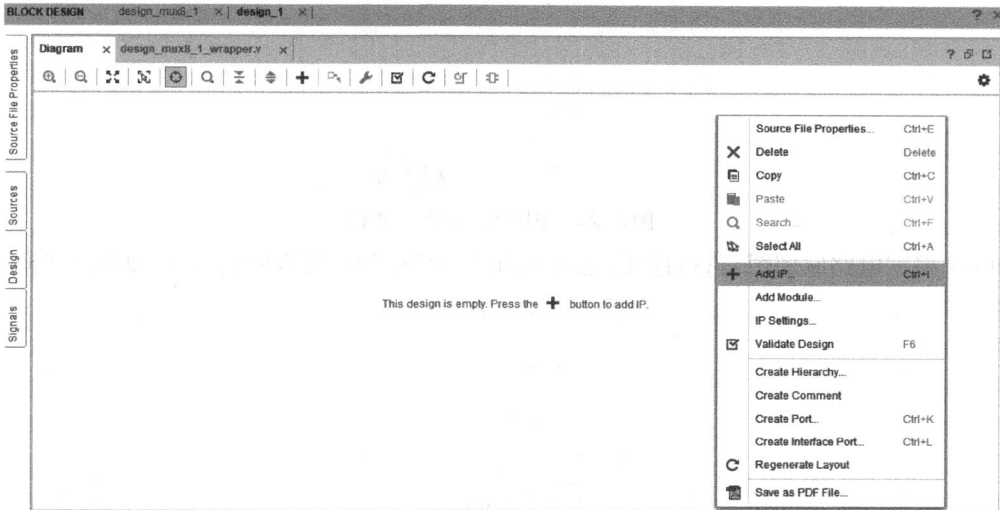

图7-22　添加IP核的三种方式

（4）如图 7-23 在 Search 框中，输入所需 IP 核，本设计所需 IP 核为 74LS153，搜索 74LS153，回车或双击添加该 IP 核。

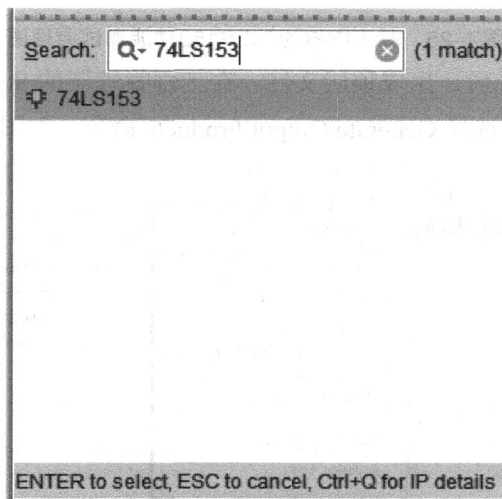

图7-23　搜索IP核

（5）在原理图设计界面空白区域，单击右键，从快捷栏中选择 Create Port 命令，创建输入 / 输出端口，如图 7-24 所示。

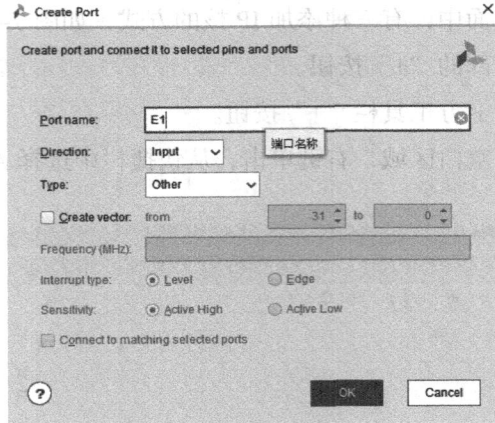

图7-24　创建输入/输出端口

（6）根据电路原理图，进行连线，点击上方菜单栏中的右旋键刷新布局，如图 7-25 所示。

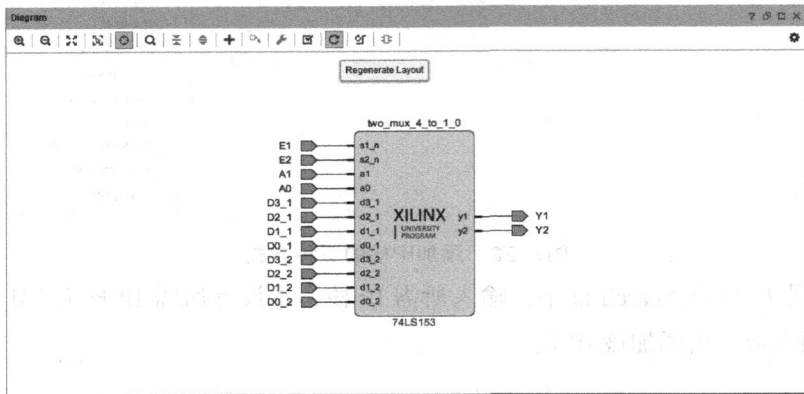

图7-25　基于IP核的74LS153功能测试原理图

（7）完成原理图设计后，生成顶层文件。在工程管理器的 Sources 窗口中，右键单击 design_1 项，从快捷栏中选择 Generate Output Products 命令，如图 7-26 所示。

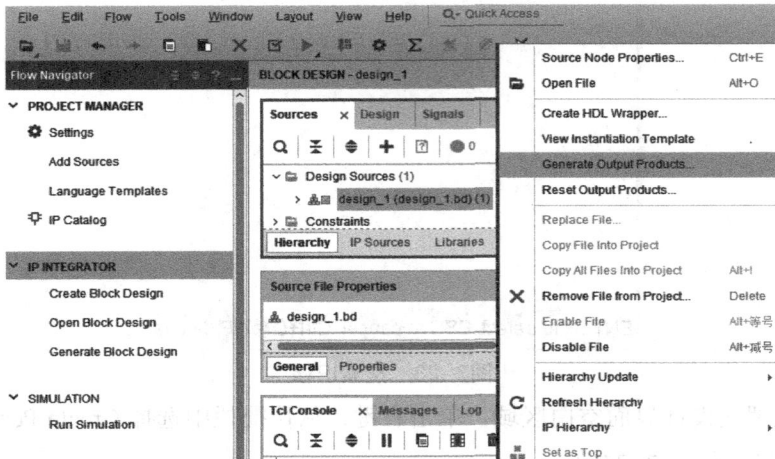

图7-26　准备生成输出文件

在 Generate Output Products 对话框中，单击 Generate 按钮，如图 7-27 所示，单击 OK 按钮。

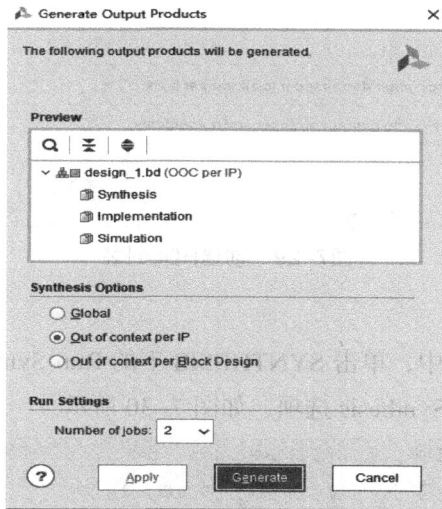

图7-27　Generate Output Project对话框

（8）输出文件生成完成后，再次右键单击 design_1 项，从快捷栏中选择 Create HDL Wrapper 命令，创建 HDL 代码文件，如图 7-28 所示，对原理图文件进行实例化。

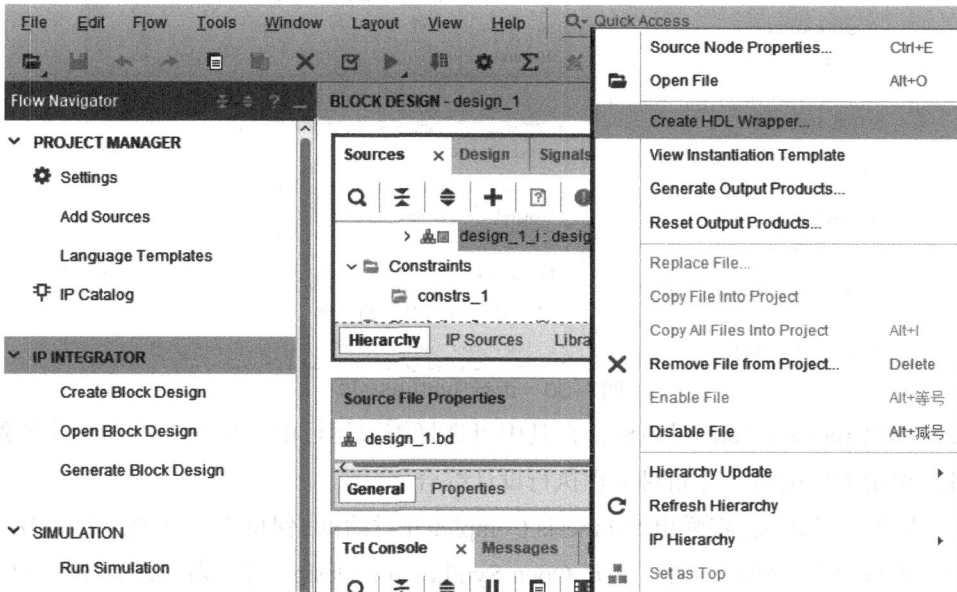

图7-28　创建HDL代码文件

（9）在 Create HDL Wrapper 对话框中，保持默认设置，如图 7-29 所示，单击 OK 按钮，完成 HDL 文件的创建。

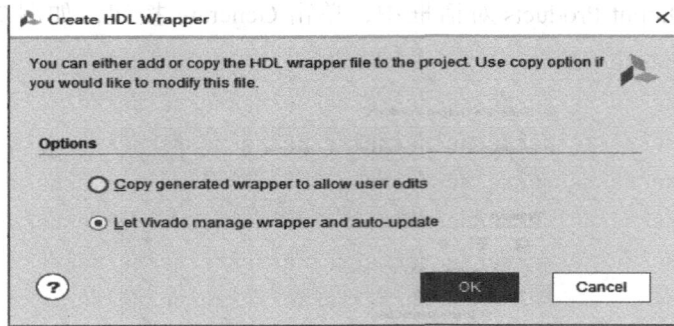

图7-29　创建HDL封装

7.2.1.4 设计综合

（1）在 Flow Navigator 中，单击 SYNTHESIS 下的 Run Synthesis 选项，或点开上方菜单栏的 RUN 键，单击 Run Synthesis 选项，如图 7-30 所示。

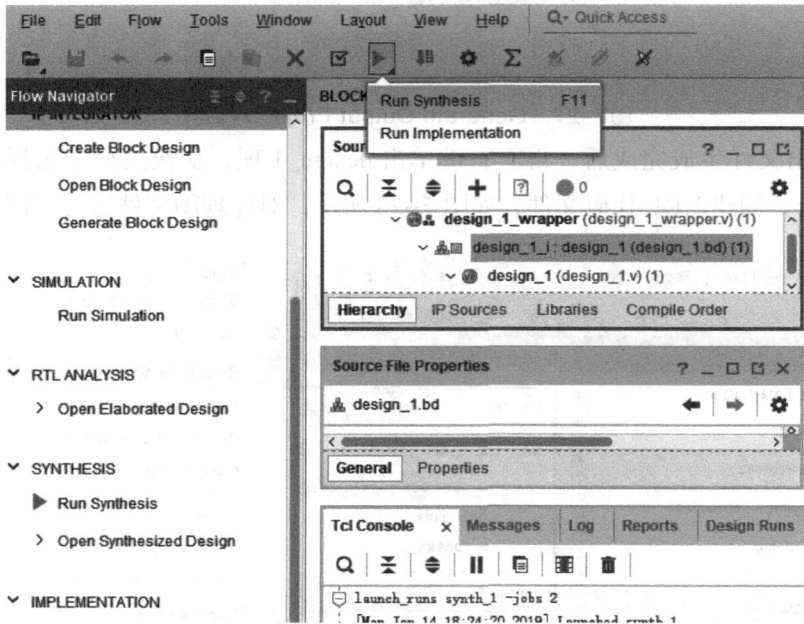

图7-30　运行Synthesis项

（2）弹出 Launch Runs 对话框，在其中可选择需要运行的文件夹。本实验选择默认设置即可，单击 OK 按钮，开始对工程执行设计综合。

（3）如果设计无误，将弹出 Synthesis Completed 对话框，保持默认选项，单击 OK 按钮。

（4）进行上述步骤后，可以展开 Open Synthesized Design 选项列表，如图 7-31 所示，提供约束向导、编辑时序约束、设置调试、查看设计的总结报告及原理图等功能。

（5）单击 Schematic 选项，将会显示该设计综合测试后的原理图设计界面，如图 7-32 所示。在该图中选择任何逻辑实例都会被加亮显示。双击该实例将会显示子模块的原理图。

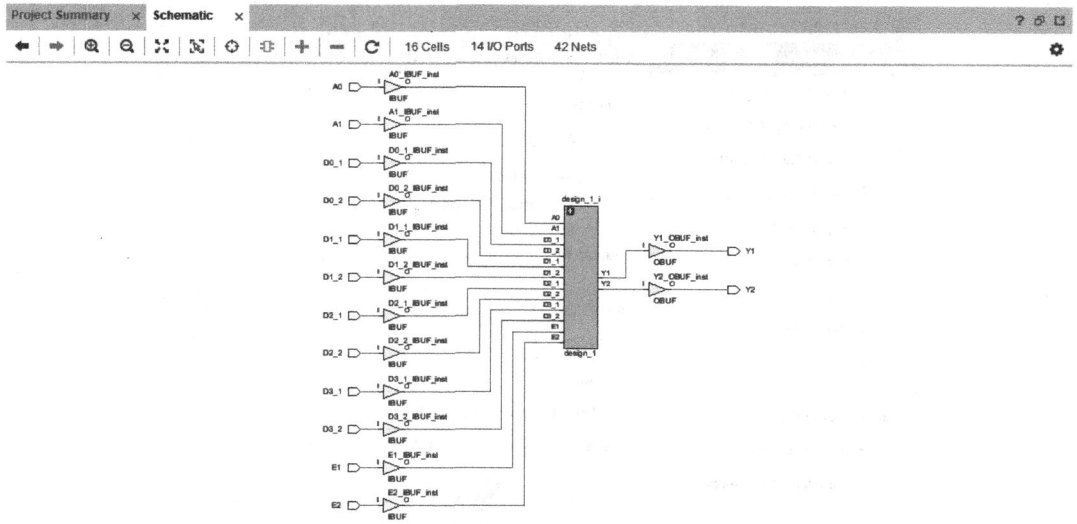

图7-31　74LS153功能测试实验综合的原理图

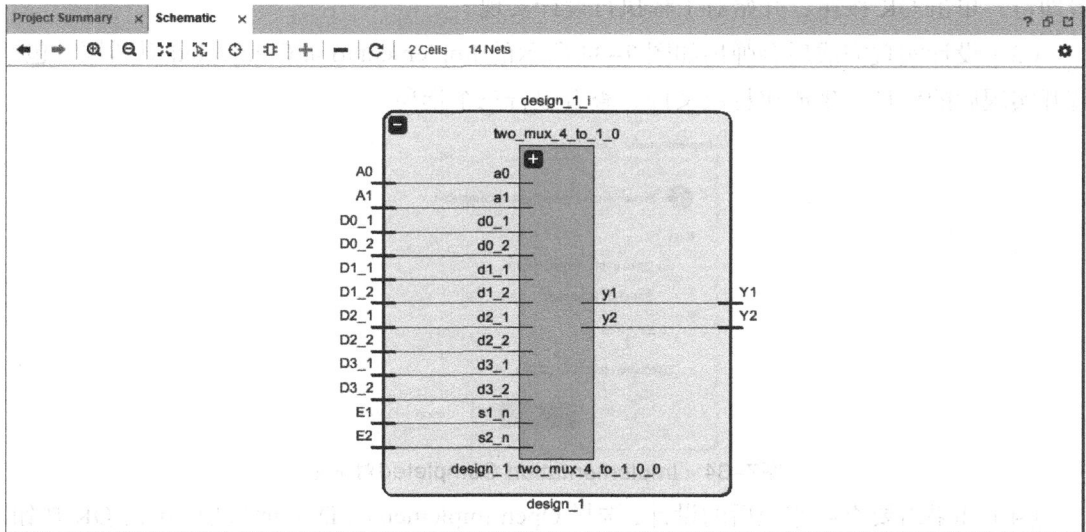

图7-32　74LS153子模块的原理图

　　完成综合之后的设计工程，不仅进行了逻辑优化，还将 RTL 级推演的网表文件映射为 FPGA 器件的原语，生成新的综合的网表文件。

7.2.1.5 设计实现

　　（1）在 Flow Navigator 中，单击 IMPLEMENTATION 下的 Run Implementation 选项，如图 7-33 所示，开始执行设计实现过程。

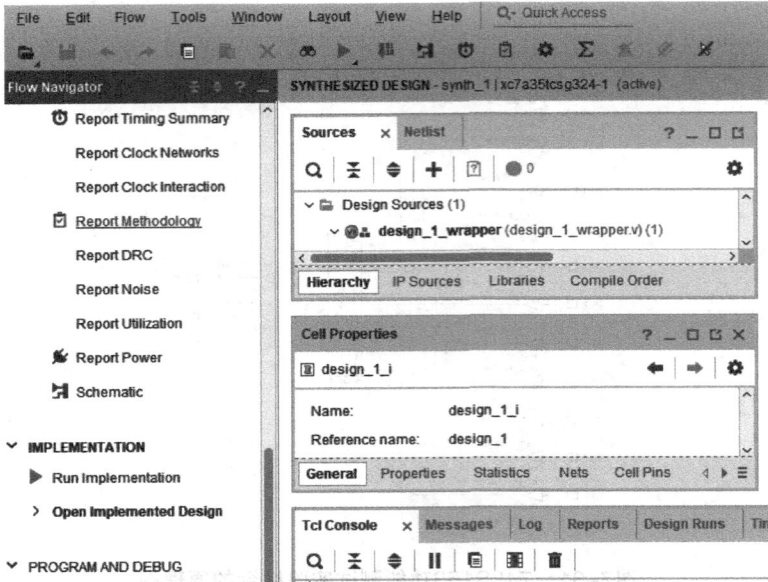

图7-33　Run Implementation选项

（2）弹出 Launch Runs 对话框，在其中可选择需要运行的文件夹。本实验选择默认设置即可，单击 OK 按钮，开始对工程执行设计实现。

（3）设计实现完成后会弹出如图 7-34 所示的 Implementation Completed 对话框，包括打开实现后的设计、生成比特流文件、查看报告三个选项。

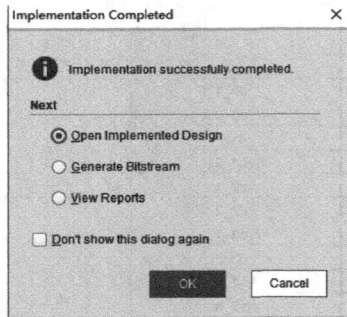

图7-34　Implementation Completed对话框

（4）如果需要查看实现后的设计，选择 Open Implemented Design 选项，单击 OK 按钮。Vivado 会提示关闭 Synthesized Design 窗口，如图 7-35 所示。

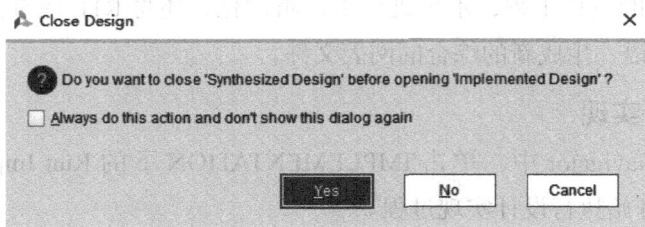

图7-35　Close Design对话框

（5）单击 YES 关闭后，在 Vivado 主窗口左上角的 Device 窗口中会出现 Artix-7 FPGA 器件的内部结构图，如图 7-36 所示。

图7-36　Artix-7 FPGA器件的内部结构图

通过上方菜单栏中的放大镜放大视图，可以看到标有橙色方块的引脚，表示在该设计中已经使用这些 I/O 块。继续放大视图，能够看到该设计所使用的逻辑设计资源和内部结构，包括查找表 LUT、多路复用器 MUX、触发器资源等。

7.2.2 Vivado仿真

7.2.2.1 新建仿真源文件

（1）在 Sources 窗口中，右键单击 Design Sources 选项，从快捷栏中选择 Add Sources 命令。弹出 Add Sources 向导对话框，如图 7-37 所示。

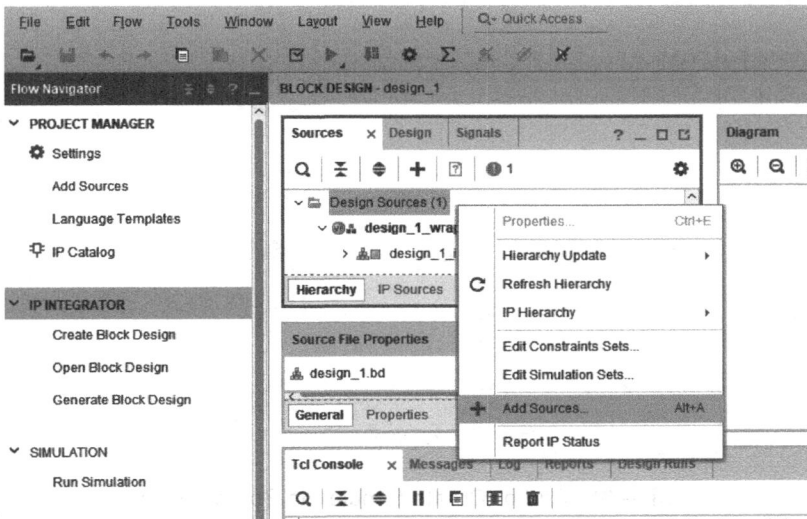

图7-37　Add Sources向导对话框

（2）选择 Add or create simulation sources 选项，添加或创建仿真源文件，如图所示 7-38 所示。

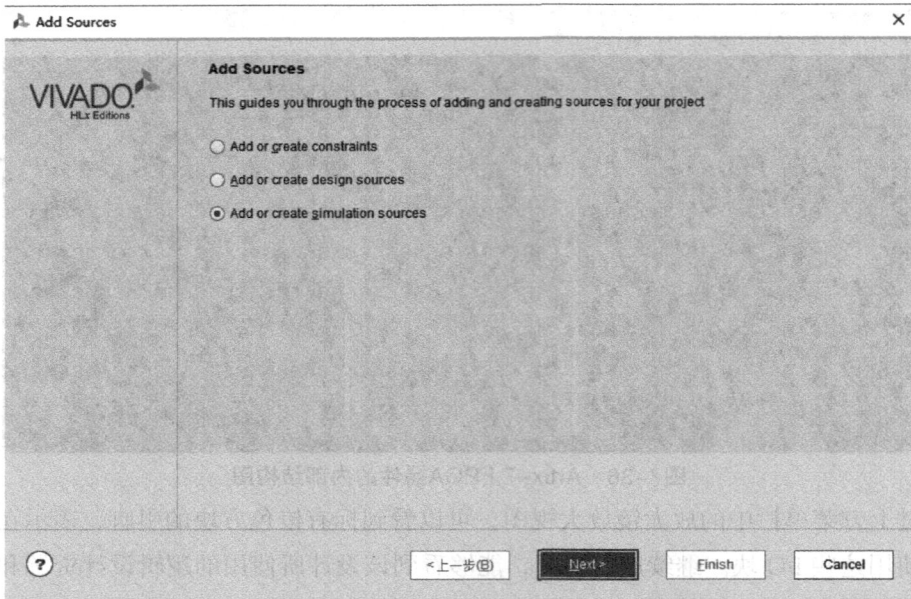

图7-38　Add Sources向导对话框

（3）在 Add or Create Simulation Sources 页面中，单击 Create File 按钮，创建仿真源文件，如图 7-39 所示。

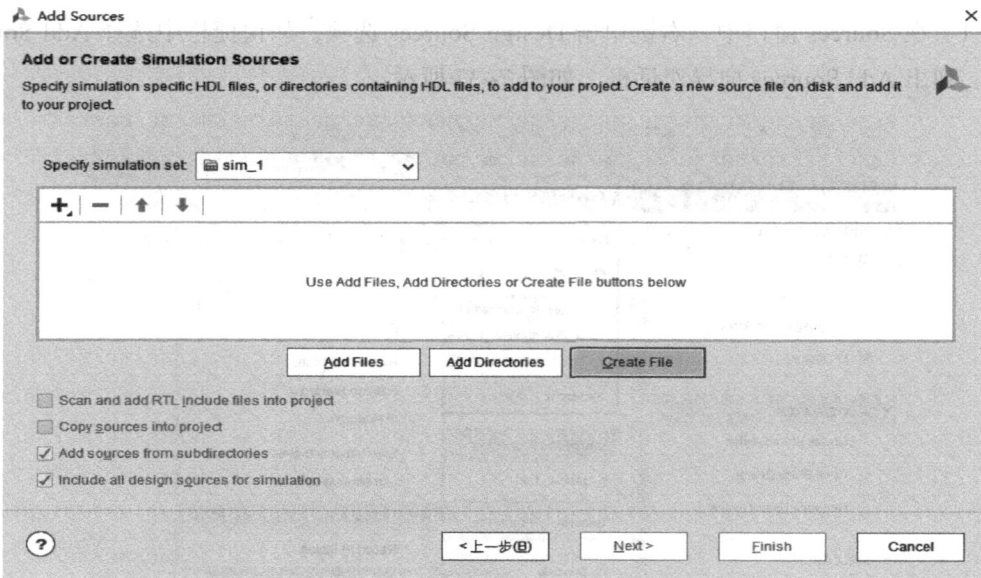

图7-39　Add or Create Simulation Sources页面

（4）在 Create Sources File 页面，文件类型选择 Verilog，修改文件名 tb，文件位置保持默认设置，单击 OK 按钮，如图 7-40 所示。

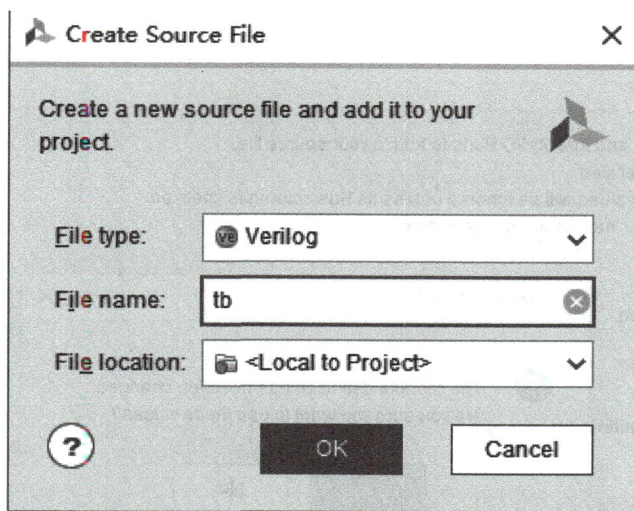

图7-40　Create Sources File

（5）返回 Add or Create Simulation Sources 页面，单击 Finish 按钮，完成仿真源文件创建。

（6）在弹出的 Define Module 对话框中，用于定义模块和制定 I/O 端口，如图 7-41 所示。如果端口为总线型，则勾选 BUS 选项，并通过 MSB 和 LSB 确定总线宽度。对于本实验，定义模块名称为 testbench，由于仿真激励文件不需要对外端口，因此不需要定义 I/O 端口，直接单击 OK 按钮，进入下一步。

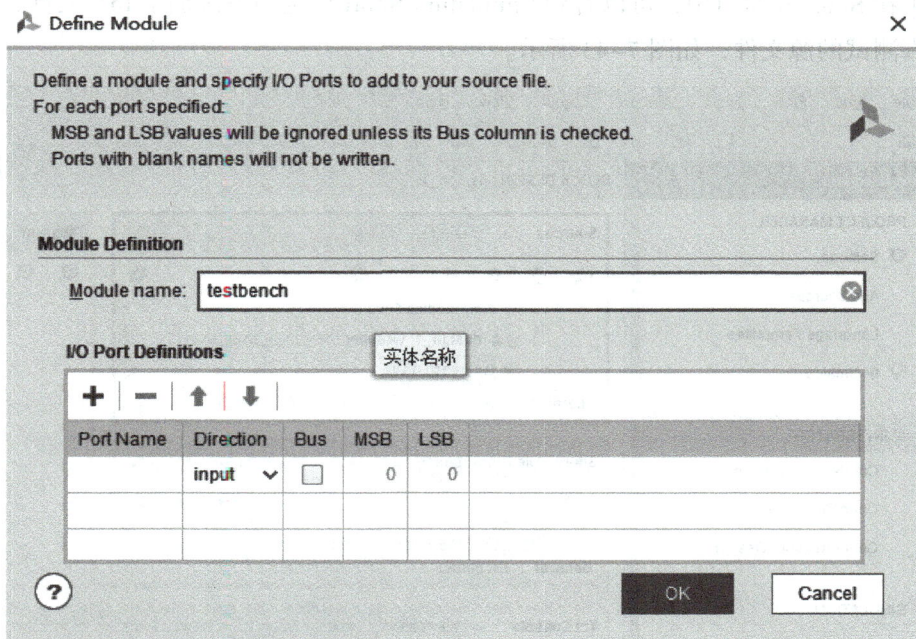

图7-41　Define Module对话框

（7）此时弹出对话框，提示模块定义没有改变，是否使用这些值，单击 Yes 按钮，如图 7-42 所示。

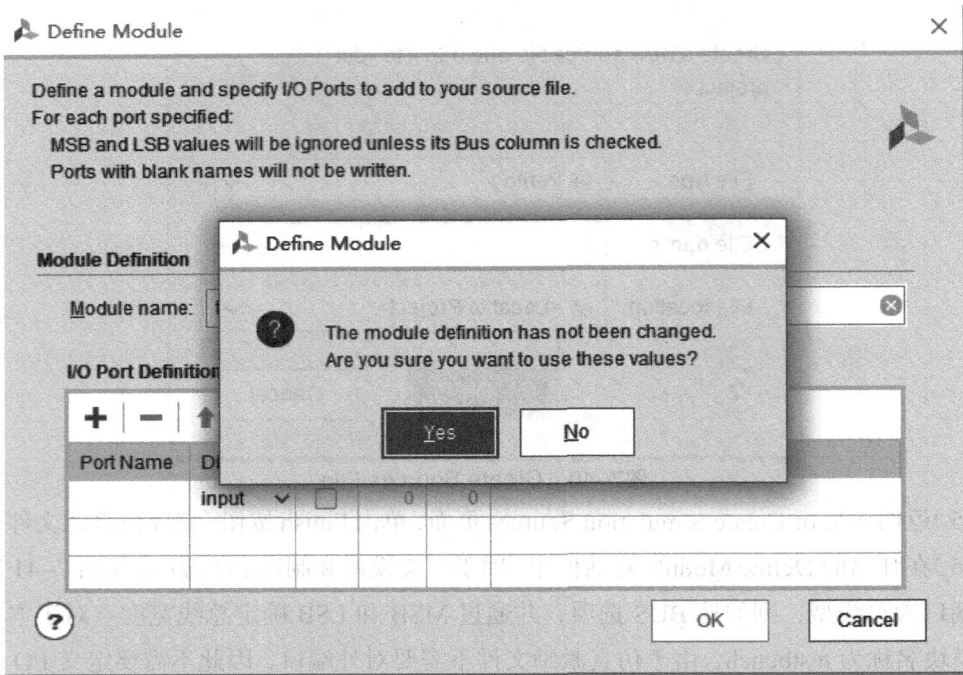

图7-42　Define Module对话框

（8）在 Sources 窗口中，可以看到 Simulation Sources 选项下添加了 tb.v 文件，该文件作为仿真测试的源文件，如图 7-43 所示。

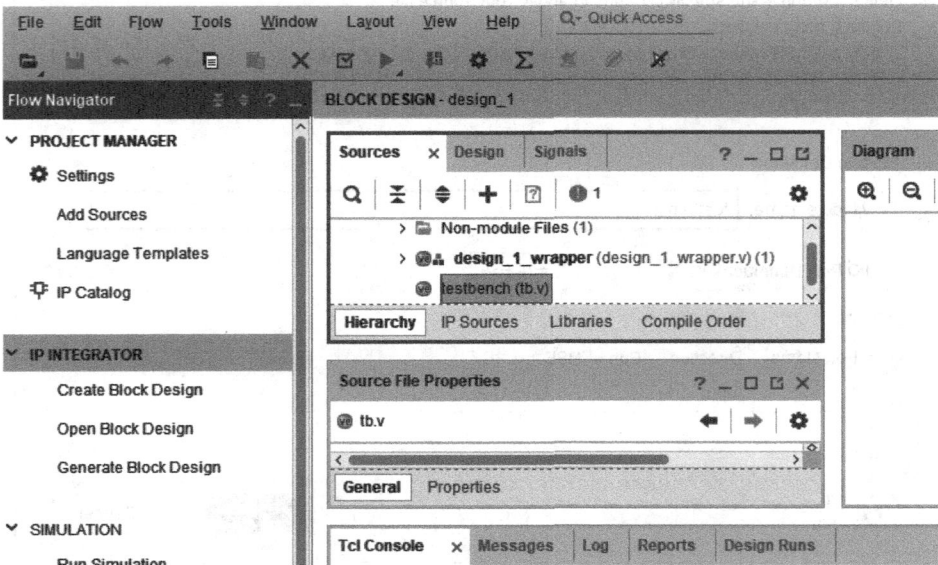

图7-43　已添加tb.v文件

（9）双击打开 tb.v 文件，编写仿真文件代码如下：

```
module testbench(   );
  reg [1:0]A;
  reg [3:0]D1;
  reg [3:0]D2;
  reg [1:0]E;
  wire Y1,Y2;
// 对输入进行赋值，输入信号顺延 100ns
  always
  begin
    D1=4'b0000;D2=4'b1111;A=2'b00;E=2'b00;#100;
    D1=4'b0010;D2=4'b1101;A=2'b01;E=2'b01;#100;
    D1=4'b0000;D2=4'b1111;A=2'b10;E=2'b10;#100;
    D1=4'b1000;D2=4'b0111;A=2'b11;E=2'b11;#100;
  end
  // 对模块进行实例化，模块调用格式如下：
  // 模块名实例名（模块的端口说明）
design_1 u1( .A0(A[0]),
        .A1(A[1]),
        .D0_1(D1[0]),
        .D0_2(D2[0]),
        .D1_1(D1[1]),
        .D1_2(D2[1]),
        .D2_1(D1[2]),
        .D2_2(D2[2]),
        .D3_1(D1[3]),
        .D3_2(D2[3]),
        .E1(E[0]),
        .E2(E[1]),
        .Y1(Y1),
        .Y2(Y2));
endmodule
```

（10）保存 tb.v 文件。并在 Sources 窗口中，右键单击 tb.v 文件，从浮动菜单中选择

Set as Top 命令，如图 7-44 所示。

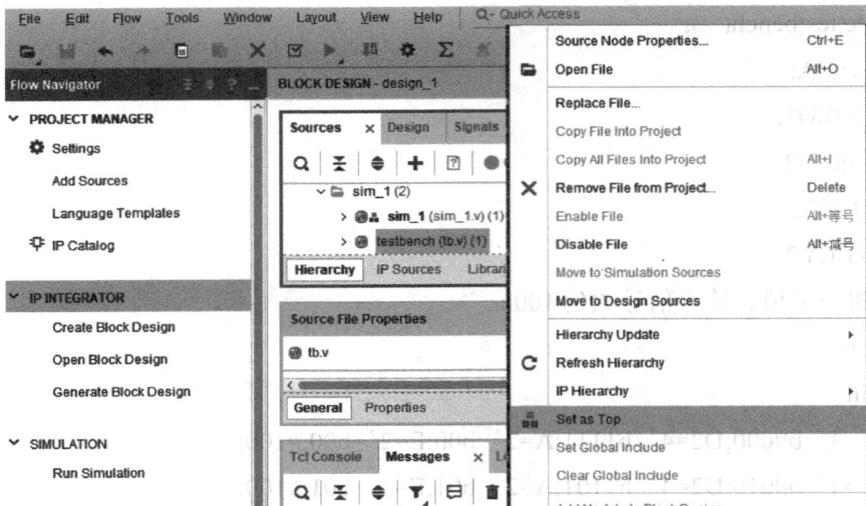

图7-44　设顶层文件

7.2.2.2 仿真分析

（1）在 Flow Navigator 中，单击 SIMULATION 选项，使之展开，单击 Run Simulation 选项，出现浮动菜单，选择 Run Behavioral Simulation 命令，运行行为仿真，如图 7-45 所示。

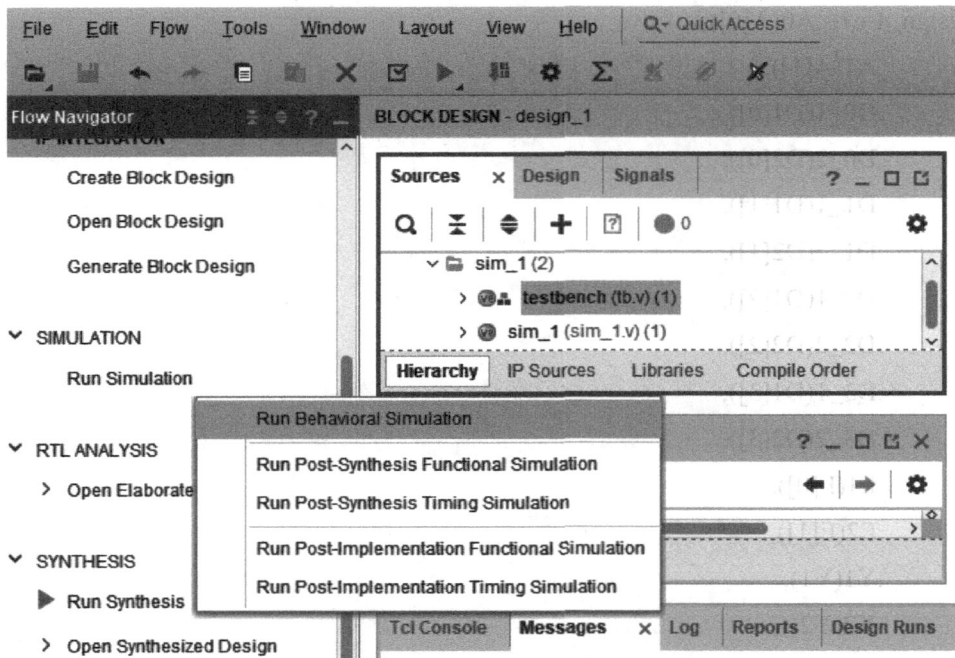

图7-45　运行行为仿真

（2）Vivado 运行仿真，弹出如图所示的行为仿真窗口，如图 7-46 所示。

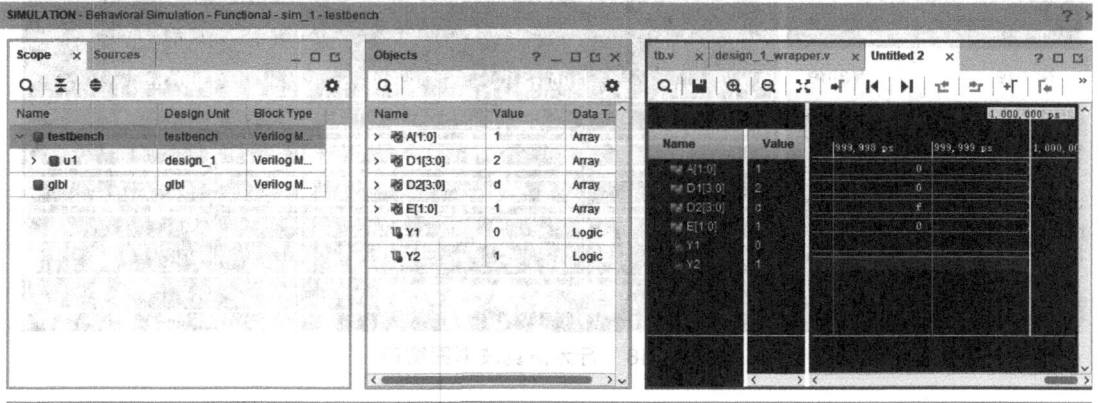

图7-46　行为仿真窗口

（3）通过 Scope 窗口中的目录结构定位到想要查看的 Module 内部寄存器。

（4）在 Objects 窗口中对应的信号名称上单击右键，从菜单栏中选择 Add To Wave Windows 命令，便可以将信号加入波形图中，在本实验中窗口中已经有信号，因此不需要进行操作。

（5）使用 Vicado 上方工具栏中的按钮以控制仿真的运行过程，如图 7-47 所示。

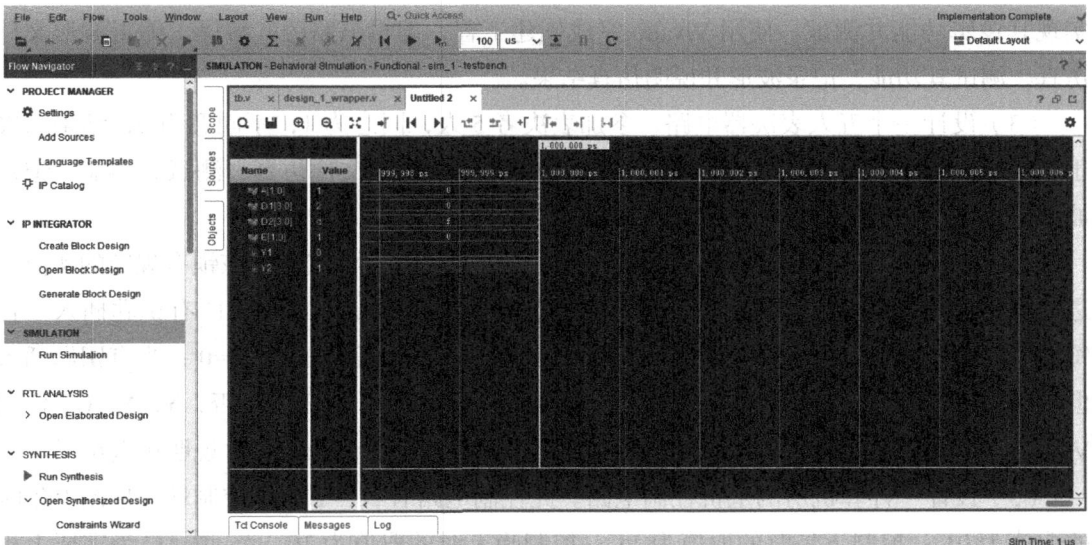

图7-47　行为仿真波形窗口

（6）在对话框内更改仿真时间为 100 μs，单击按钮重新运行仿真程序。仿真波形图窗口上方工具栏用于调整和测量波形。单击 Zoon In、Zoon Out、Zoon Fit 按钮，可以将波形调整到合适的显示大小。最终仿真结果如图 7-48 所示。

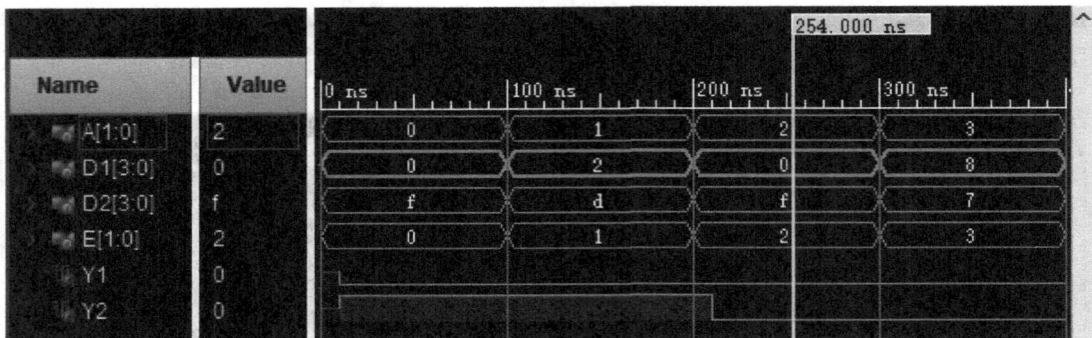

图7-48　行为仿真波形图窗口

7.3 习题

（1）设计一个码制转换电路，将 BCD 码转换成格雷码。使用 Vivado 创建工程，编译，编辑波形文件仿真，测试其功能，记录波形并说明仿真结果。

（2）设计一个电路，该电路有 3 个输入逻辑变量 A、B、C 和 1 个工作状态控制变量 M，当 M = 0 时电路实现"意见一致"功能（A、B、C 状态一致输出为 1，否则输出为 0），而 M = 1 时电路实现"多数表决"功能，即输出与 A、B、C 中多数的状态一致。用 FPGA 实现其逻辑功能并测试。使用 Vivado 完成创建工程，编辑电路图，编译，编辑波形文件仿真，测试其功能，记录波形并说明仿真结果。

（3）设计一个五人表决器电路，参加表决者 5 人，同意为 1，不同意为 0，结果取决于多数人的意见。使用 Vivado 创建工程，编译，编辑波形文件仿真，测试其功能，记录波形并说明仿真结果。

（4）设计一个密码锁。密码锁的密码可以由设计者自行设定，设该锁有规定的 4 位二进制代码 $A_3A_2A_1A_0$ 的输入端和一个开锁钥匙信号 B 的输入端，当 B=1（有钥匙插入）且符合设定的密码时，允许开锁信号输出 Y_1=1（开锁），报警信号输出 Y_2=0；当有钥匙插入但是密码不对时，Y_1=0，Y_2=1（报警）；当无钥匙插入时，无论密码对否，Y_1=Y_2=0。使用 Vivado 创建工程，编译，编辑波形文件仿真，测试其功能，记录波形并说明仿真结果。

（5）设计一计算机房的上机控制电路。此控制电路有 X、Y 两个控制端，控制上午时的取值为 01；控制下午时的取值为 11；控制晚上时的取值为 10。A、B、C 为需要上机的三个学生，其上机的优先顺序为：上午为 ABC，下午为 BCA，晚上为 CAB。电路的输出 F_1、F_2 和 F_3 为 1 时分别表示 A、B 和 C 能上机。使用 Vivado 创建工程，编译，编辑波形文件仿真，测试其功能，记录波形并说明仿真结果。

（6）设计一个电机报警电路。有 A、B、C、D 四台电机，要求 A 动 B 必动，C、D 不能同时动，否则报警。使用 Vivado 创建工程，编译，编辑波形文件仿真，测试其功能，记录波形并说明仿真结果。

（7）设计一个皮带传动机报警电路。有 A、B、C 三条皮带，送货方向为 A→B→C，为防止物品在传动带上堆积，造成落地损坏，要求：C 停 B 必停，B 停 A 必停，否则就发出警报信号。使用 Vivado 创建工程，编译，编辑波形文件仿真，测试其功能，记录波形并说明仿真结果。

（8）设计一个 1 位二进制全减器。输入被减数 A1、减数 B1、低位来的借位信号 J0，输出差为 D1，向高位的借位信号 J1。使用 Vivado 创建工程，编译，编辑波形文件仿真，测试其功能，记录波形并说明仿真结果。

（9）设计一个 8 位串行进位加法器。使用 Vivado 创建工程，编译，编辑波形文件仿真，测试其功能，记录波形并说明仿真结果。

（10）设计一个指示电气列车开动的逻辑电路。有一列自动控制的地铁电气列车，在所有的门都已关上和下一段路轨已空出的条件下才能离开站台。但是，如果发生关门故障，则在开着门的情况下，车子可以通过手动操作开动，但仍要求下一段空出路轨。（设输入信号：A 为门开关信号，A=1 门关；B 为路轨控制信号，B=1 路轨空出；C 为手动操作信号，C=1 手动操作。）使用 Vivado 创建工程，编译，编辑波形文件仿真，测试其功能，记录波形并说明仿真结果。

第8章 综合性应用系统设计

8.1 基于51单片机的LED显示设计

8.1.1 实例介绍

本节将在同一个硬件电路下实现两个实例，实现 LED 灯的点亮和实现 LED 流水灯。一个完整的 LED 灯点亮电路由电源部分、驱动电路、单片机最小系统组成。本节将从上述三个部分讲解 LED 灯的点亮过程。

图 8-1 为常见的 LED 灯实物图。LED 的两个引脚有阴阳两极之分；对于直插式 LED 灯，引脚长的为阳极，短的为阴极；对于贴片式 LED 灯，正面有彩色标记的一端为阴极。

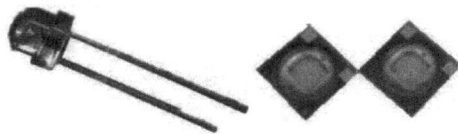

图8-1 直插式和贴片式LED灯

8.1.1.1 LED 工作原理

LED 灯具有单向导电性，即 LED 灯的阳极接电源的正极，阴极接电源的负极，电流就从 LED 灯正极流向负极，LED 灯就发光，电流越大，发光亮度越强，但是电流太大会烧毁 LED 灯，一般控制流过 LED 灯的电流为 3~20mA，LED 灯导通时有约 1.7V 的导通压降，而单片机系统的电源一般为 5V，为控制流过 LED 灯的电流在 3~20mA 之内，需要在 LED 灯和电源之间加电阻来限制电流的大小，这个电阻称为限流电阻。根据欧姆定律选择限流电阻，根据上面的描述 LED 灯和电源的连接电路原理图如图 8-2 所示。

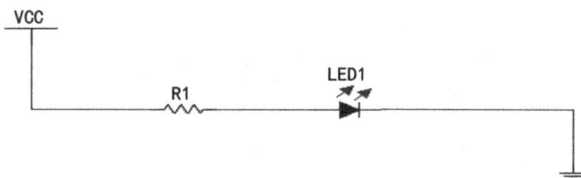

图8-2 LED常见连接法

电源 VCC 为 5V，LED 导通，加在电阻 R1 两端的电压为 5-1.7=3.3V。若要控制 LED 导通时的电流为 3mA，则 R1=3.3V/3.3mA=1kΩ，这就是限流电阻大小的选取方法。如果把地线用单片机的 I/O 口来代替，当单片机 I/O 口为高电平时，由 LED 的单向导电性可知 LED 灯不亮，当单片机的 I/O 口为低电平时，LED 灯被点亮，这就是利用单片机控制 LED 灯的显示原理。

单片机接负载时，一般需要加载驱动芯片，常见的驱动器件有三大类：集成门电路，锁存器，功率开关管。

（1）集成门电路。

常见的集成门电路有 TL 芯片的 74 系列和 CMOS 芯片 4000 系列，集成门电路应用简单，驱动能力较强，可以用于驱动 LED 灯、由 LED 灯组成的 LED 点阵显示器和七段数码管。可以选用 74LS04 反相器来驱动 LED 灯，其中一个 LED 灯与单片机 I/O 口的连接原理如图 8-3 所示。

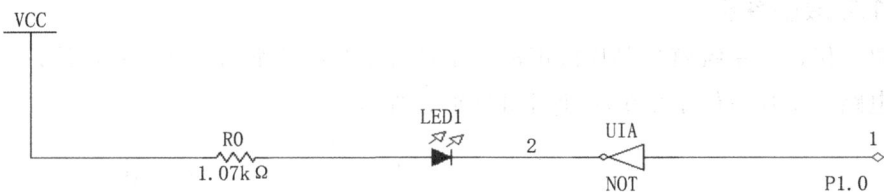

图8-3　LED灯与单片机I/O口连接原理图

当单片机 I/O 口 P1.0 为高电平时，反相器输出为低电平，此时 LED 灯被点亮，当 P1.0 输出低电平时，反相器输出为高电平，LED 灯熄灭。但是此电路存在一个问题，由于单片机 I/O 口有限，P1.0 口可能还要接其他外设，当 P1.0 口因为操作其他外设的原因数据发生变化时，LED 的亮灭也会跟着变化。

（2）锁存器。

锁存器一般用于驱动 LED 灯和七段数码管，并行 AD 转化的数据锁存，外部 RAM 或 ROM 扩展三个场合，常用的锁存器有 74 系列的 74HC573、74HC373 等。根据锁存器的工作原理，我们把锁存器的 LE 端与单片机的 P2.0 口相连，用于控制锁存器是进行数据输出还是数据锁存，把锁存器的输入端和单片机的 P1 口相连，用于锁存器的数据输入，把锁存器的输出端和 8 个 LED 相连，就构成了 LED 驱动电路，如图 8-4 所示。利用锁存器驱动 LED 灯就没有利用集成门电路驱动 LED 灯所存在的问题。

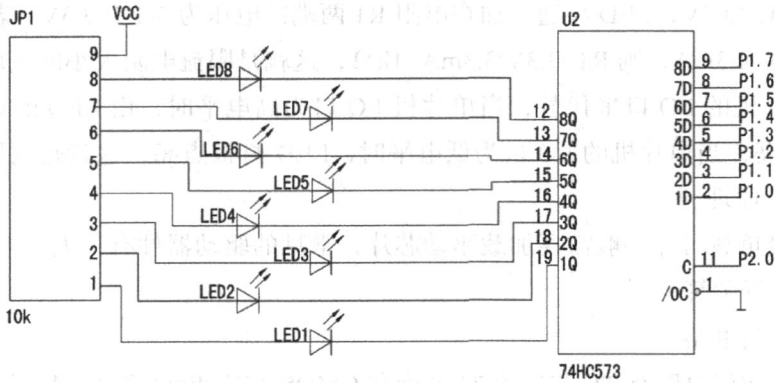

图8-4　LED灯驱动电路

（3）功率开关管。

功率开关管包括功率 MOSET 和达林顿管，可以直接用于驱动小电动机，也用于电力电子器件做发脉冲放大等场合。

8.1.1.2 最小系统

所谓单片机最小系统就是单片机正常工作时所需的最基本的系统，它包括：电源、晶振、复位电路。单片机最小系统原理图如图 8-5 所示。

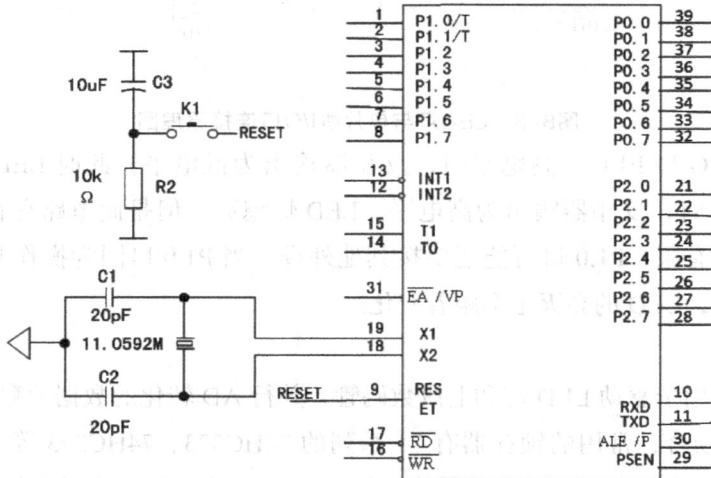

图8-5　单片机最小系统原理图

51 单片机一般采用 +5V 供电，晶振频率常见的有 6MHz、11.0592MHz、12MHz，其中 11.0592MHZ 用得较多，它方便串口通信时波特率和定时器初值的计算。复位电路采用高电平复位，当按下 K1 键时，RESET 脚为高电平，单片机复位。

8.1.1.3 硬件电路设计

点亮 LED 灯的硬件电路同样由电源部分、驱动电路部分、单片机最小系统部分组成。

每部分都要用到不同的元器件，故在硬件电路设计前，先给出点亮 LED 灯所需的元件。

（1）主要元器件。

单片机实现 LED 显示的主要元器件如表 8-1 所示。

表8-1　点亮LED灯所需元件列表

器件名称	功能
排阻 JP1	LED 灯限流电阻
晶振	选择 11.0592MHz
电容 C1，C2	晶振起振电容
74HC573	用于驱动 LED 灯
8 个 LED 灯	显示器件

（2）电路原理图及说明。

单片机实现 LED 灯显示的硬件电路包括 LED 驱动模块和单片机最小系统两个部分，其完整电路图如图 8-6 所示。上半部分为单片机最小系统，其中电源部分没有画出，EA 引脚接 VCC 表示使用内部存储器；下半部分为 LED 驱动模块。

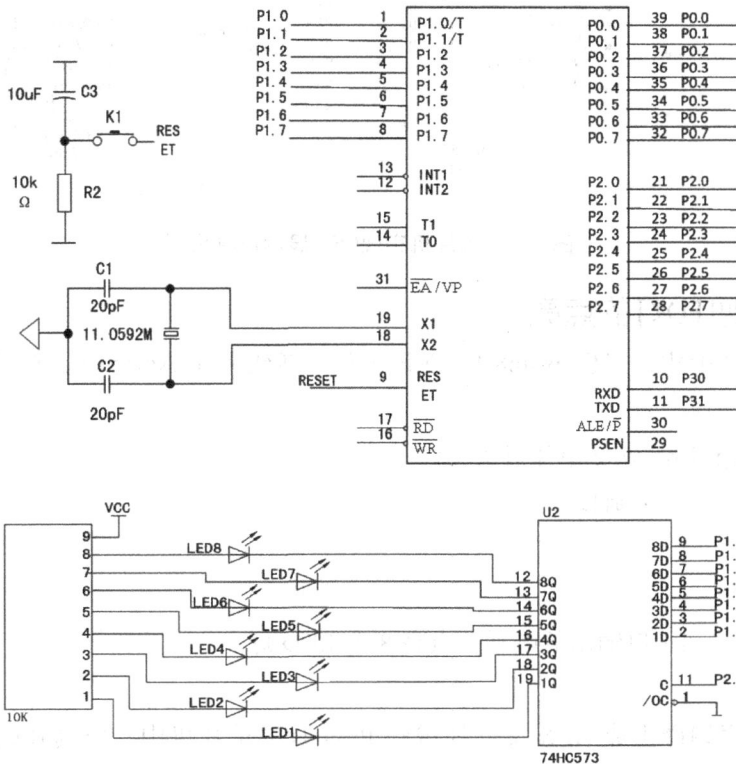

图8-6　单片机实现LED灯显示电路原理图

（3）Proteus 仿真模型建立。

按照图 8-6 所示，可以在 Proteus 中建立单片机实现 LED 显示的仿真模型。原理图中的元件对应的 Proteus 元件库中的名称如表 8-2 所示。

表8-2　Proteus仿真LED灯点亮所需元件

电路原理图中的元件	Proteus 元件库中对应的名称
LED	LED-GREEN
1kΩ 排阻	RES10SIPB
74HC573	74HC573
89C52	AT89C52

建立的仿真模型如图 8-7 所示。

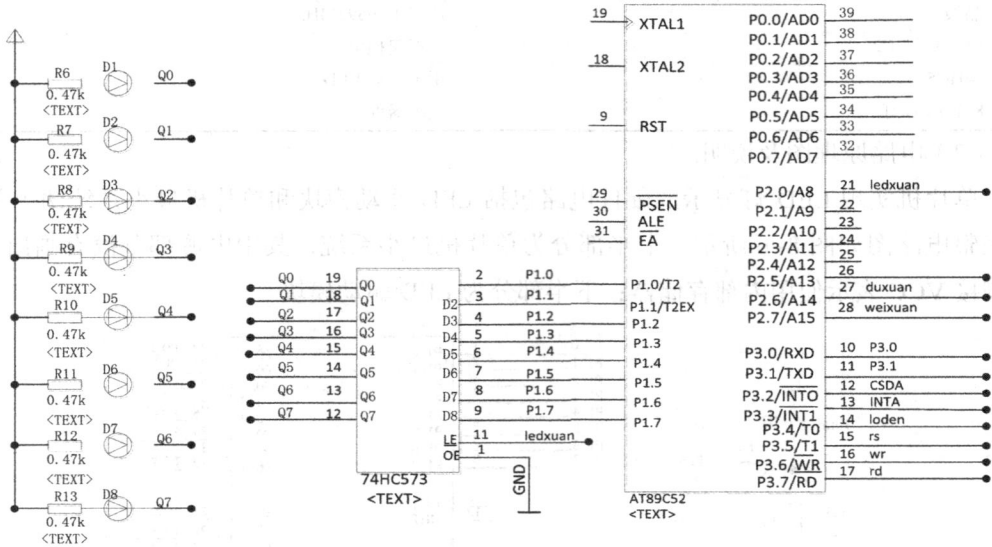

图8-7　单片机实现LED显示仿真模型

8.1.2 实现LED灯的点亮

首先在 Keil 中建立工程 exam8.1，在该工程下新建文件 exam51.c，在新建文件中输入如下语句：

```
#include<reg52.h>  //52 单片机头文件
void(main)      // 主函数
{
while(1)
P1=0x00;    //P1 口输出低电平，点亮 8 个 LED 灯
}
```

把上述程序编译生成 HEX 文件加载到 Proteus 的单片机中。仿真开始后，单片机的 P1 口输出低电平，经过 74HC573 驱动后点亮 8 个 LED 灯。

8.1.3 实现LED流水灯

流水灯功能为先点亮 LED1，延时 500ms 后熄灭，接着点亮 LED2，再延时 500ms 熄灭，如此循环，LED8 后又紧接着点亮 LED1，开始新一轮的循环。要实现上述功能，程序必

须完成两方面的任务，一个是编写 500ms 的延时程序，另一个是如何保证 8 个 LED 灯按顺序地亮下去。

8.1.3.1　使用循环语句实现延时

先解决第一个问题。单片机的延时程序编写通常有两个方法，一是利用单片机定时器编写定时中断程序实现精确延时，二是利用循环语句实现简单延时。本节利用循环语句实现延时。在 Keil 中新建工程 delays，新建文件 delays.c，在该文件中输入以下代码：

```
#include<reg52.h>
shit LED1=P1^0;                // 读写单片机 P1 口的第一位
unsign int i,j;
void main()
{
while(1)
{
LED1=0;                // 点亮 LED1
for(i=1000;i>0;i--)        // 延时
  for(j=110;j>0;j--);
LED1=1;
    for(i=1000;i>0;i--)     // 熄灭 LED1
    for(j=110;j>0;j--)        // 延时
    }
    }
```

上述程序的功能是先点亮 LED1，延时一段时间后熄灭 LED1，再延时一段时间后又点亮 LED1，如此循环。

在 Keil 界面，单击窗口上的 Project，Options for target target1，打开工程设置对话框，将对话框中 Target 标签下的 Xtal(MHz) 改为 11.0592，如图 8-8 所示。

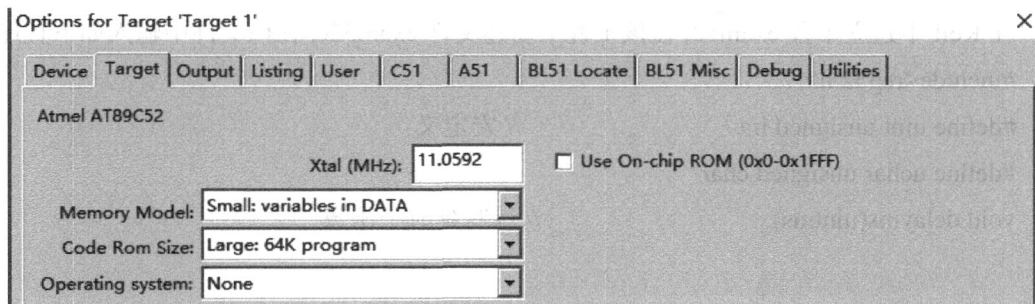

图8-8　Keil仿真晶振周期设置

编译 delays.c 之后，单击 Keil 窗口上的 @，进入软件调试模式，首先在 LED1=0 处双击鼠标，设置第一个断点，然后在 LED1=1 处双击鼠标设置第二个断点，设置完断点的调试界面如图 8-9 所示。

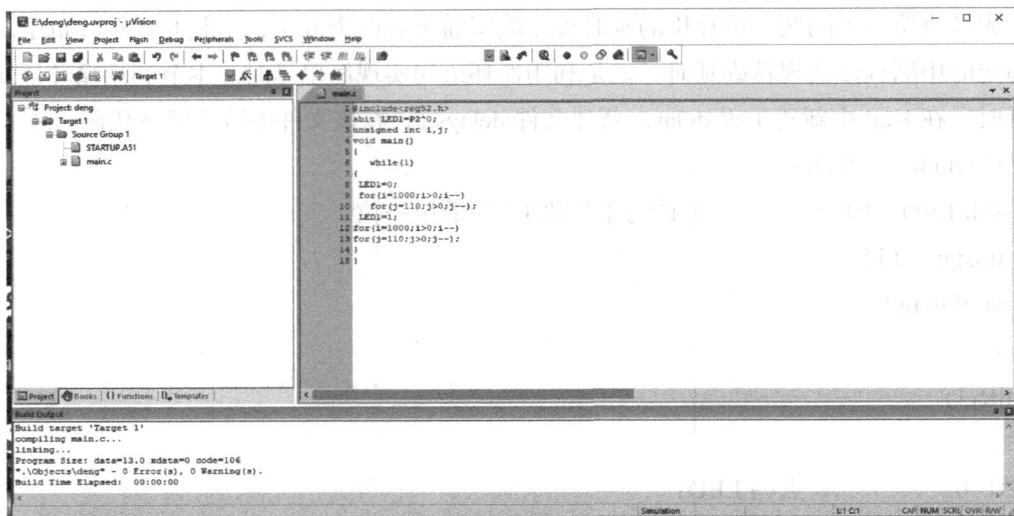

图8-9　Keil调试界面

单击全速运行按钮，程序会停在 LED1=0 处，sec 此时变为 422.09 μs，再单击一次全速运行按钮，程序停在 LED1=1 处，sec 此时变为 968.37272ms，这样很容易算出中间的程序延时为 96831272ms-42209 μs≈ls，通过上述的分析，可以实现 500ms 延时程序的编写。

8.1.3.2 使 8 个 LED 灯按照顺序逐个点亮

当 LED1 点亮其他 LED 熄灭时，P1 口送出的数据应该为 P1=0xfe=11111110，相当于把 0xfe 左移了 0 位；当 LED2 点亮其他 LED 熄灭时，P1 口送出的数据应为 Pl=0xfa=1111101，相当于把 0xfe 左移了一位；当 LED3 点亮其他 LED 灯熄灭时，P1 口送出的数据为 Pl=0xfb=1111011，相当于把 0xfe 左移了两位，所以要实现流水灯的现象，就是把 P1 口的数据循环左移。

8.1.3.3 编写程序

在 Keil 中建立工程 exam52，在该工程下新建文件 exam52c，在该文件中输入如下程序：

```
#include<reg52.h>
#define uint unsigned int                // 宏定义
#define uchar unsigned char
void delayms(uintms);                     // 读写延时子函数

void main()
```

```
    {
    uchar init_P1,num==0;                    // 变量 init_P1 用于初始化 P1 口
init_P1=0xfe;                                // 变量 num 用于位移位数的指示
while(1)
    {
    P1=init_P1;
    delayms(500);                // 延时 500ms
    init_P1==((init_P1>>7)|(init_P1<<1));   // 把 init_P1 循环左移 1 位再给 init_P1
    }
    }
    void delayms(uintms)
    {
    uinti,j;
for(i=ms;i>0;i--)
for(j=110;j>0;j--)
    }
```

　　程序包含主程序和延时子程序两部分，主程序开始执行后，先将 P1 口初始化，初始化的状态是 P1.0 口为低电平，延时 500ms 后，通过循环左移指令，将 P1.1 口置低电平，而 P1.0 口变为高电平。如此循环下去，各个 LED 灯就被依次点亮。

8.2 基于PIC单片机的DS18B20温度测量设计

8.2.1 DS18B20介绍

　　DS18B20 温度传感器是美国 DALLAS 半导体公司最新推出的一种改进型智能温度传感器，与传统的热敏电阻等测温元件相比，它能直接读出被测温度，并且可根据实际要求通过简单的编程实现 9~12 位的数字读数方式。

　　DS18B20 的性能特点：

（1）全数字温度转换及输出。

（2）独特的单接线口仅需要一个端口引脚进行通信。

（3）多个 DS18B20 可以并联在唯一的三线上，实现多点组网功能。

（4）检测温度范围为 -55~+125℃。

（5）可通过数据线供电，电压范围为 3.0~8.5V。

（6）9~12 为可调分辨率。

（7）用户可定义报警设置。

（8）报警搜索命令识别并标志超过程序限定温度（温度报警条件）的器件。

（9）负电压特性：电源极性接反时不会因为发热而烧毁，但器件不能正常工作。

（10）多种封装形式，适应不用的硬件系统。

由于 DS18B20 采用的是 1-Wire 总线协议方式，即在一根数据线实现数据的双向传输，面对 PIC 单片机来说，硬件上并不支持单总线协议，因此，我们必须采用软件的方法来模拟单总线的协议时许来完成对 DS18B20 芯片的访问。由于 DS18B20 是在一根 I/O 线上读写数据，因此对读写的数据位有着严格的时序要求。DS18B20 有严格的通信协议来保证各位数据传输的正确性和完整性。该协议定义了几种信号的初始化时许，读时序，写时序，所有的时序都是将主机作为主设备，单总线器件作为从设备。而每一次命令和数据的传输都是从主机主动些时序开始，如果要求单总线器件回送数据，在进行写命令后，主机需启动读时序完成数据的接收，数据和命令的传输都是低位在先。DS18B20 芯片内部结构如图 8-10 所示。

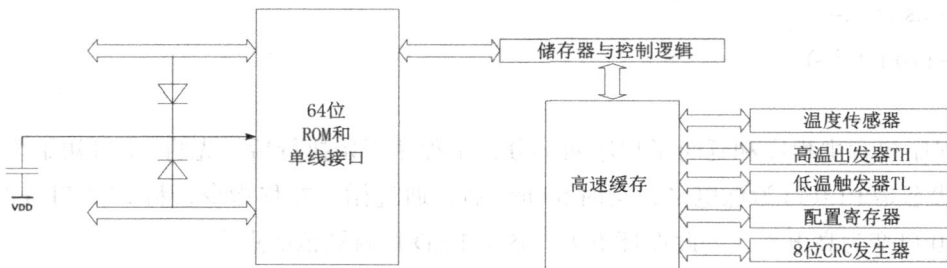

图8-10　DS18B20内部结构

其中 64 位 ROM 的结构开始 8 位是产品类型的编号，接着是每个器件的唯一序号，共有 48 位，最后 8 位是前面 6 位的 CRC 验证码，这也是多个 DS18B20 可以采用一线进行通信的原因。维度报警触发器 TH 和 TL 可通过软件写入用户报警上下限。

DS18B20 温度传感器的内部存储器还包括一个高速暂存 RAM 和一个非易失的可电擦除的 EEPRAM。高速暂存的 RAM 的结构为 8 字节的存储器。头两个字节包含测得的温度信息，第三个和第四个字节 TH 和 TL 的拷贝是易失的，每次上电复位时就被刷新，第五个字节为配置寄存器，它的内容用于确定温度数值。该字节的各位的定义如表 8-3 所示，低 5 位一直为 1，TM 是工作模式位，用于设置 DS18B20 在工作模式还是在测试模式，DS18B20 在出厂时改为被设定为 0。R1 和 R 决定温度转换的精度位数，以设置分辨率。

表8-3　DS18B20位的字节定义

1	R1	R0	1	1	1	1	1

由表 8-4 温度转换时间表可知，分辨率越高，所需要的温度数据转换时间越长。因此，在实际应用中需权衡考虑转换时间和分辨率。

表8-4 DS18B20温度转换时间表

R1	R0	分辨率 / 位	温度最大转换时间 /ms
0	0	9	93.75
0	1	10	187.5
1	0	11	375
1	1	12	750

高速暂存 RAM 的第 6、7、8 字节保留未用表现为全逻辑 1，第 9 字节读出前面所有 8 位字节的 CRC 码，如表 8-5 所示。

表8-5 高速暂存RAM字节表

第 1 字节	温度 LSB
第 2 字节	温度 MSB
第 3 字节	TH 用户字节 1
第 4 字节	TH 用户字节 2
第 5 字节	配置寄存器
第 6 字节	保留（FFh）
第 7 字节	保留
第 8 字节	保留（10h）
第 9 字节	CRC

DS18B20 完成温度转换后，就把测得的温度与 RAM 中的 TH、TL 字节内容做比较，若 T>TH 或者 T<TL 则将该器件内的报警标志位置位，并对主机发出的报警搜索命令做出响应。因此，可对多只 DS18B20 同时测量温度并进行报警搜索。

在 64 位 ROM 的最高有数字节中存储有循环冗余验证码（CRC）。主机 ROM 的前 56 来计算 CRC 值，并和存入 DS18B20 的 CRC 做出比较，以判断主机收到的 ROM 数据是否正确。

当 DS18B20 接收到温度转换命令后，开始启动转换。转换完成后的温度值就以 16 位的带有符号拓展的二进制补码形式存储在高速暂存寄存器的第 1、2 字节。单片机可以通过单线接口读出该数据，读数据是低位在前，高位在后，如表 8-6 所示。

表8-6 读数据格式

LS 字节	2^3	2^2	2^1	2^0	2^{-1}	2^{-2}	2^{-3}	2^{-4}
MS 字节	S	S	S	S	2^6	2^5	2^4	2^3

当符号位 S=0 时，表示测得的温度为正值，可以直接将二进制位转换为十进制；当符号为 S=1 时，表示测得的温度为负值，要先将补码变成原码再计算十进制数值。当分辨率为 12 位时，温度寄存器上所有的 12 位均为有效值。分辨率为 11 位时，LS 的最低位（bit0）没有定义。分辨率为 10 位时，LS 的 bit1 和 bit0 没有定义。分辨率为 9 位时，LS 的 bit2、bit1 和 bit0 没有定义。表 8-7 是分辨率为 12 位时的部分温度值。

表8-7　分辨率为12位时的温度

温度	二进制表示（Binary）	十六进制表示（Hex）
125℃	0000 0111 1101 0000	07D0h
85℃	0000 0101 0101 0000	0550h
+25.0625℃	0000 0001 1001 0001	0191h
+10.125℃	0000 0000 1010 0010	00A2h
+0.5℃	0000 0000 0000 1000	0008h
0℃	0000 0000 0000 0000	0000h
−0.5℃	1111 1111 1111 1000	FFF8h
−10.125℃	1111 1111 0101 1110	FF5Eh
−25.0625℃	1111 1110 0110 1111	FE6Fh
−55℃	1111 1100 1001 0000	FC90h

8.2.2 DS18B20的通信协议

该单总线协议定义了几种信号类型：复位信号，应答脉冲时隙；写0、写1时隙；读0、读1时隙。与DS18B20的通信是通过操作时隙完成单总线上的数据传输，当发送所有的命令和数据时，都是字节的低位在前，高位在后。

8.2.2.1 复位和应答脉冲时隙

与DS18B20的所有通信都是以复位脉冲开始的，紧接着是DS18B20发出的应答脉冲。当DS18B20对接收的复位信号做出应答时，说明它已经准备好接受下一个命令。时序如图8-11所示。

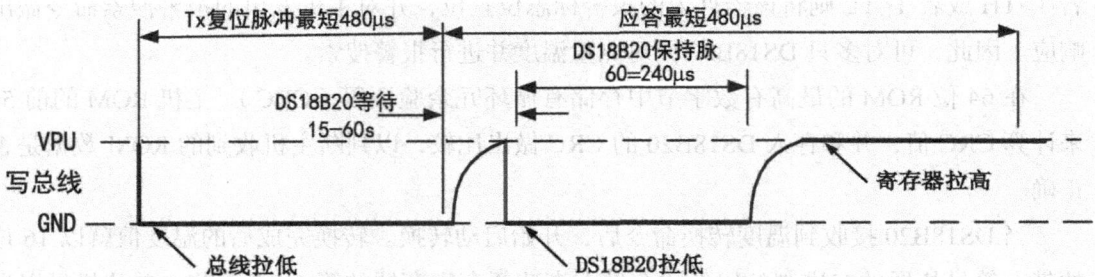

图8-11　DS18B20时序图

从复位时序可以看到，主机先发送一个0，将总线拉低480μs，然后释放总线，将总线拉高（即输出高电平）并处于接收状态准备接收DS18B20的应答信号。当DS18B20接收到后，即做出应答，将总线拉低。

DS18B20初始化程序：

Void reset(void)

{

Unsigned char flag=1;

DQ_HIGH();

Nop();Nop();

```
While(flag)
{
        DQ_LOW();
        Delayx10us(74);//750us
        DQ_HIGH();
        Delayx10us(3);//40us
        If(DQ == 1)
                Flag = 1;
        Else
                Flag = 0;
        Delayx10us(50);//500us
        }
}
```

Flag=0，说明初始化完成。

读写时序如图 8-12 所示。总线每次只能发送一个字节，根据时序，我们可以写出一个字节的函数。

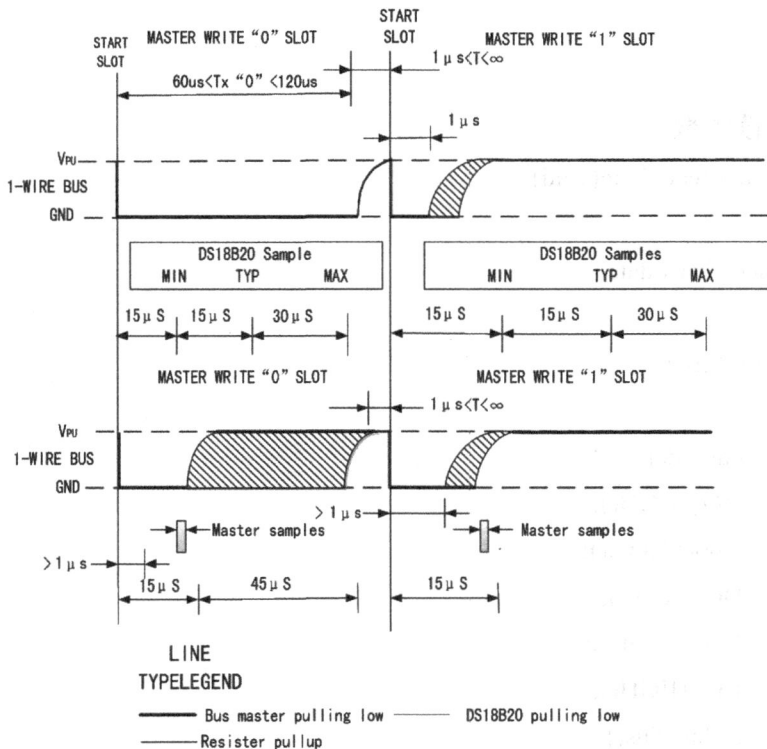

图8-12 读写时序

8.2.2.2 写函数

```
Void write_byte(unsigned char data)
{
    Unsigned char I,temp;
    DQ_HIGH();
    Nop();Nop();
    For(i=8;i>0;i++)
    {
        Temp = date&0x01;//01010101
        DQ_LOW();
        Delayx10us(1);
        If(temp==1)
            DQ_HIGH();
        Delayx10us(4);//45us
        DQ_HIGH();
        data=date>>1;00101010
    }
}
```

8.2.2.3 读函数

```
Unsigned char read_byte(void)
{
    Unsigned char I,date;
    Char j;
    For(i=9;i>0;i--)
    {
        date=date>>1;
        DQ_HIGH();
        Nop();Nope();
        DQ_LOW();
        Delayx10us();
        DQ_HIGH();
        Delayx5us();
        J=DQ;
```

```
        If(j==1)
                date=date|0x80;//1000 0000
            Delayx10us(3);
    }

    Return(date);

}
```

8.2.3 DS18B20的控制方法

初始化完成后，主机将发送一条 ROM 指令让微控制器执行相应的操作。DS18B20 中有 5 条 ROM 指令，每条指令 8 位，如表 8-8 所示。

表8-8　ROM操作指令

指令	说明
读 ROM 命令（33H）	读 DS18B20 的序列号
搜索 ROM 命令（F0H）	识别总线上各器件的编码
匹配 ROM 命令（55H）	用于多个 DS18B20 的定位
跳过 ROM 命令（CCH）	执行此指令后，存储器将针对总线上所有器件进行操作
报警搜索 ROM 命令（ECH）	仅温度超限的器件对此指令做出反应

RAM 操作指令如表 8-9 所示。

表8-9　RAM操作指令

指令	说明
稳如转换（44H）	启动温度转换
读暂存器（BEH）	读全部暂存器的内容
写暂存器（4EH）	写暂存器的第 2、3 字节的数据
复制暂存器（48EH）	将暂存器中的 TH、TL 和配置寄存器内容复制到 EEPROM 中
读 EEPROM（B8H）	将 TH、TL 和配置寄存器内容从 EEPROM 中回读至暂存器

读温度程序

```
void get_tem(void)
{
    unsigned char tem1,tem2;
    float temp;
    unsigned long temper;
    reset();// 复位
    write_byte(0xCC);// 跳过 ROM
    write_byte(0x44);// 温度转换
    Delayx10us(80);//1s
    Reset();
    write_byte(0xCC);
    write_byte(0xBE);
```

```
    tem1=read_byte();
    tem2=read_byte();
    temp=(tem2*256+tem1)*0.0625*10000;// 精度是 0.0625℃
    T[0] = temper/100000+0x30;
    T[1] = temper%100000/10000+0x30;
    T[3] = temper%10000/1000+0x30;
    T[4] = temper%1000/100+0x30;
    T[5] = temper%100/10+0x30;
    T[6] = temper%10+0x30;
}
```

8.3 基于FPGA的DDS信号发生器设计

DDS（Direct Digital Synthesizer，即直接数字合成器）是近年来发展起来的一种新型的频率合成技术。具有较高的频率分辨率，可以实现快速的频率切换，并且在改变时能够保持相位的连续，很容易实现频率、相位和幅度的数控调制。DDS 能够与计算机技术紧密结合在一起，克服了模拟频率合成和锁相频率合成等传统频率合成技术电路复杂、设备体积较大、成本较高的不足，因此它是一种很有发展前途的频率合成技术。数字频率合成器作为一种信号产生装置已经越来越受到人们的重视，它可以根据用户的要求产生相应的波形，具有重复性好、实时性强等优点，已经逐步取代了传统的函数发生器。

8.3.1 案例介绍

传统的生成正弦波的数字方法如图 8-13 所示，即利用 ROM 和 DAC，再加上地址发生计数器和寄存器即可。在 ROM 中，每个地址对应的单元中的内容（数据）都相应于正弦波的离散采样值，ROM 中必须包含完整的正弦波采样值，而且还要注意避免在按地址读取 ROM 内容时可能引起的不连续点，避免量化噪声集中于基频的谐波上。

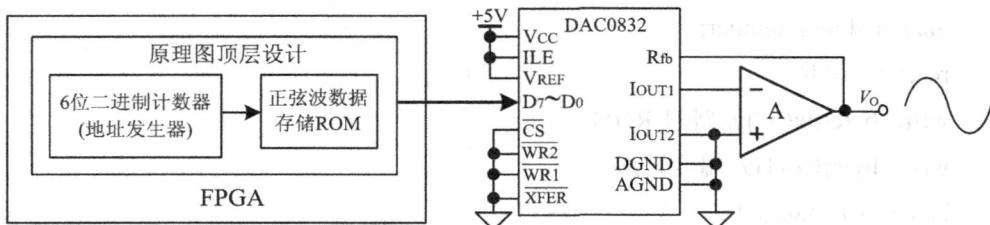

图8-13　正弦波信号发生器结构框图

当时钟频率 f_{clk} 输入地址发生计数器，地址计数器所选中的 ROM 地址的内容被锁入寄存器，寄存器的输出经 DAC 恢复成连续信号，即由各个台阶重构的正弦波；若相位精度 n 比较大，则重构的正弦波经适当平滑后（通过滤波）失真比较小。当 f_{clk} 发生改变后，则 DAC 输出的正弦波频率就随之改变，但输出频率的改变仅决定于 f_{clk} 的改变。

为了控制输出频率更方便，可以采用相位累加器，使输出频率正比于时钟频率和相位增量之积。图 8-14 采用了相位累加方法的直接数字合成系统，把正弦波在相位上的精度定为 n 位，于是分辨率相当于 $\frac{n}{2}$。用时钟频率 f_{clk} 依次读取数字相位圆周上各点，这里数的字值作为地址，读出相应的 ROM 中的值（正弦波的幅度），然后经 DAC 重构正弦波。这里比图 8-13 简单系统多了一个相位累加器，它的作用是在读取数字相位圆周上各点时可以每隔 FWD 个点读一个数值，FWD 即为图 8-15 中的频率字，这样，DAC 输出的正弦波频率 f_{SIN} 就等于"基频" $f_{clk}/2n$ 的 FWD 倍，即 DAC 输出的正弦波的频率满足：

$$f_{SIN} = FWD(f_{clk}/2n)$$

式中的 f_{clk} 是 DDS 系统的工作时钟，即图 8-14 中的寄存器系统时钟。通常，式中的 n 可取值在 24 ～ 32 之间。由图 8-14 可知，其相位分辨率至少是 1/16777216，相当于 2.146×10^{-5} 度。相位增量值可预置。通过相位累加器，选取 ROM 的地址时，可以间隔选通。

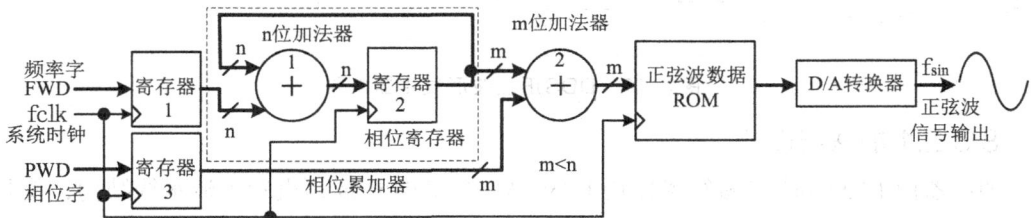

图8-14 DDS基本原理组成框图

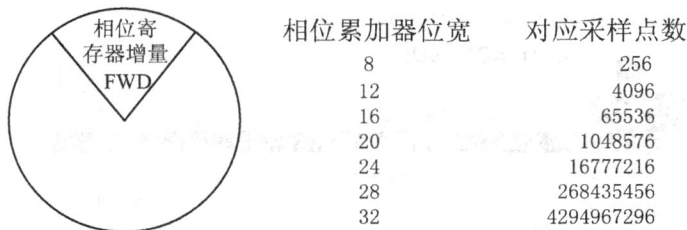

图8-15 相位累加器位宽和采样点关系

相位累加器位宽	对应采样点数
8	256
12	4096
16	65536
20	1048576
24	16777216
28	268435456
32	4294967296

图 8-14 中的 m 通常是 10 ～ 16 位，是为了减少 ROM 的容量。这里，若 DAC 的位数为 m 位，则所用 ROM 的字长也为 m。m 是对 n 的截断获得的，是取 n 位的最高 m 位。

如图 8-14 所示的 DDS 基本原理组成框图结构中，f_{clk} 来自高稳定性晶振，或由锁相环提供，用于提供 DDS 中各种部件的同步工作。DDS 核心的相位累加器由一个 n 位字长的二进制加法器和一个由时钟 f_{clk} 取样的 n 位寄存器（寄存器 2）组成，作用是对频率控制字 FWD 进行线性累加；正弦波型数据存储器中所对应的是一张函数波形查询表，对应不同的相位码地址输出不同的幅度编码。

对于图 8-14 所示的 DDS，当相位控制字 PWD 为 0 时，相位累加输出的序列对波形存储器寻址，得到一系列离散的幅度编码。该幅度编码经 D/A 转换后得到对应的阶梯波，最后经低通滤波器（高频情况下无须专门的滤波电路，可通过电路本身的分布阻容进行滤波）平滑后可得到所需的模拟波形。相位累加器在基准时钟的作用下，进行线性相位累加，当相位累加器加满量时就会产生一次溢出，这样就完成了一个周期，这个周期也就是 DDS 信号的一个频率周期。

8.3.2 系统设计

根据 DDS 波形发生器的原理，设计如图 8-16 所示 DDS 正弦波形发生器电路图，包括 32 位加法器 ADDER32B、32 位寄存器 DFF32 和正弦波形数据存储器 SIN_DATA 三个模块。

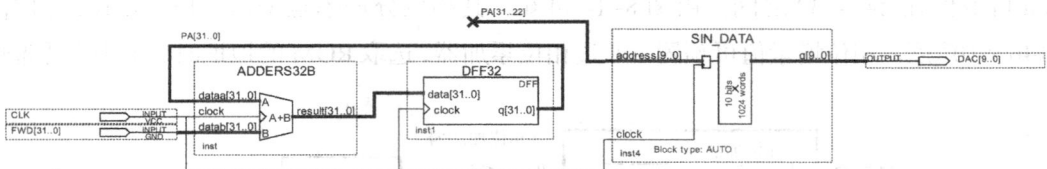

图8-16　DDS正弦波形发生器电路

8.3.2.1 加法器设计

加法器由 LPM 的加 / 减算术模块 LPM_ADD_SUB 构成，设置了流水线结构，使其在时钟控制下有更高的运算速度和输入数据稳定性。加法器 ADDER32B 的参数设置界面如图 8-17 所示。

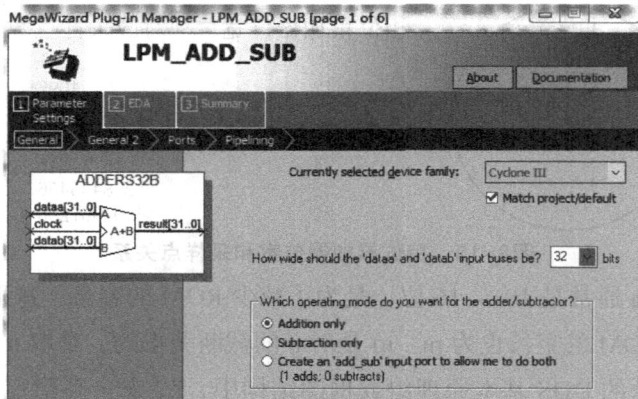

图8-17　加法器参数设置界面

8.3.2.2 寄存器设计

寄存器由 LPM_FF 宏模块构成，与加法器 ADDER32B 组成一个 32 位相位累加器。其中高 10 位 PA[31..22] 作为波形数据存储器的地址。寄存器 DFF32 的参数设置界面如图

8-18 所示。

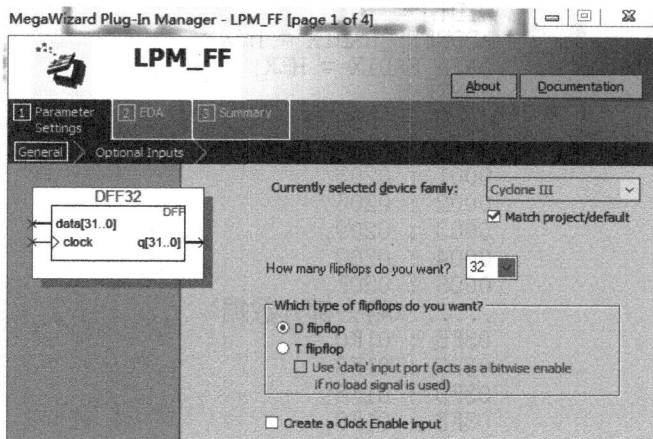

图8-18 寄存器参数设置界面

8.3.2.3 波形数据存储器设计

波形数据存储器由 LPM 的 ROM:1-PORT 构成，正弦波形数据 ROM 模块 SIN_ROM 的地址线位宽是 10 位，数据线位宽是 8 位，即其中一个周期的正弦波离散采样数据有 1024 个，每个数据有 10 位，输出的高 8 位接数模转换器 DAC0832 数据输入端。波形数据存储器的参数设置界面如图 8-19 所示。

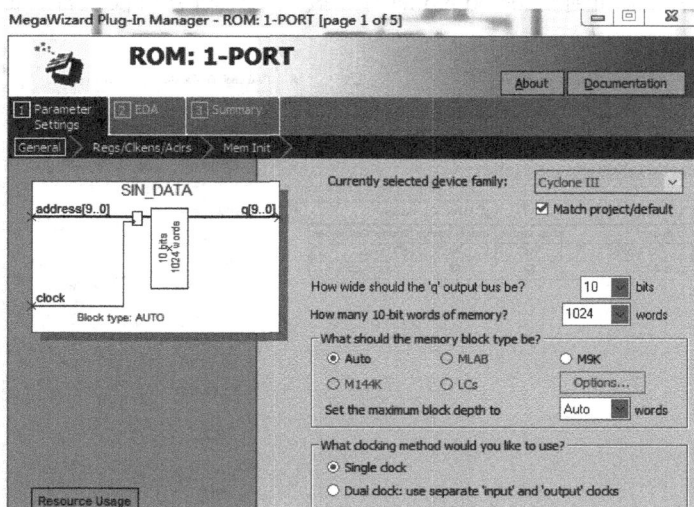

图8-19 波形数据存储器参数设置界面

波形数据存储器 ROM 的数据宽度选择 10 位，数据深度选择 1024 位，对应 10 位地址；mif 格式参数文件的结构如图 8-20 所示。

```
DEPTH = 1024;
WIDTH = 10;
ADDRESS_RADIX = HEX;
DATA_RADIX = HEX;
CONTENT
         BEGIN
0000 : 0200;
0001 : 0203;
0002 : 0206;
0003 : 0209;
0004 : 020C;
0005 : 020F;
......（略去部分数据）
03FB : 01F0;
03FC : 01F3;
03FD : 01F6;
03FE : 01F9;
03FF : 01FC;
END ;
```

图8-20　正弦波数据文件

8.3.2.4 嵌入式逻辑分析仪

新建 SignalTapII Logic Analyzer 文件，在 Hardward 中添加 USB-Blaster 硬件，并加载 DDS.sof 文件。在 SignalTap II 窗口的 Setup 标签页中，双击空白区域，打开 Node Finder 窗口，在 Filter 选项中选择 Pins：all，单击 List，在 Name 区域中选中 DAC 并单击 ">" 按钮，把要观察的开关节点添加到 Selected Nodes 中。嵌入式逻辑分析仪设置界面如图 8-21 所示。

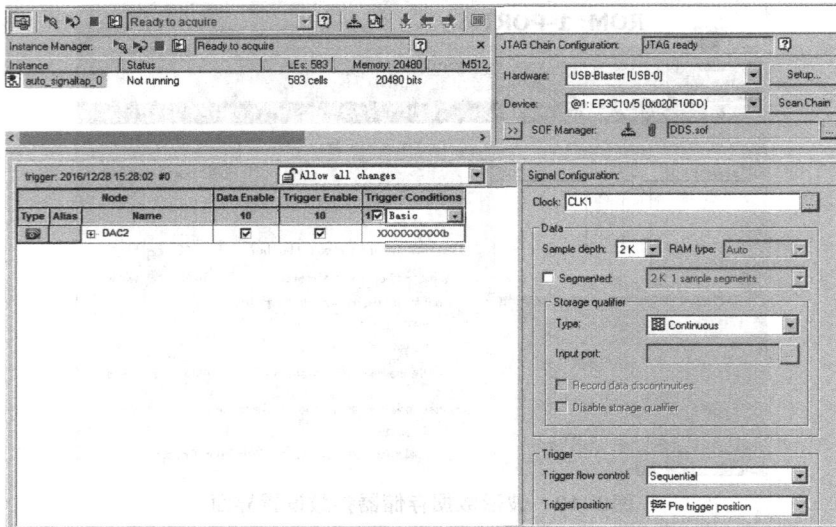

图8-21　嵌入式逻辑分析仪设置界面

在 Signal Configuration 中设置合适的采样深度和触发类型，点击 Autorun Analysis 按钮；通过嵌入式逻辑分析仪对数据进行采样和监控，FPGA 输出波形如图 8-22 所示。

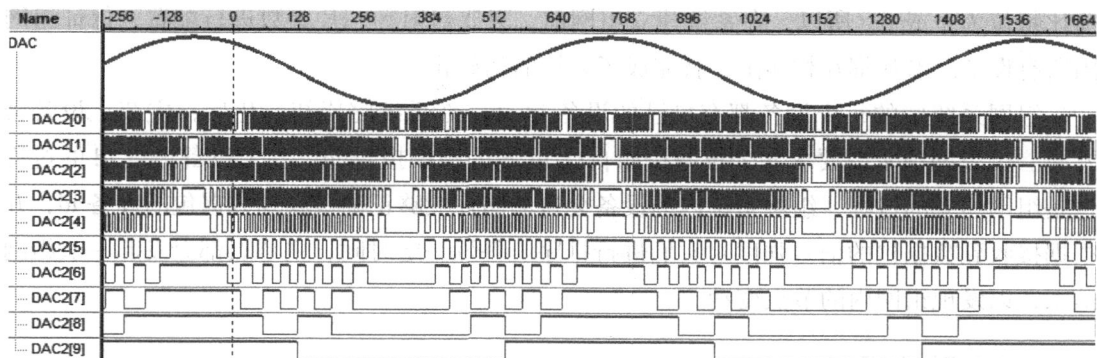

图8-22　嵌入式逻辑分析仪测试的FPGA输出波形

8.4 基于SN8F5702的自组网通信系统设计

近年来，物联网和智能家居相关的产业蓬勃发展，无线通信及其协议也再次成为热门的研究方向。目前主流的用于物联网和智能家居产业的无线通信协议主要有三种：WiFi、ZigBee 和蓝牙。这三种无线协议有其不同特性，但也都有其缺点。本章利用台湾松瀚（SONIX）公司的单片机 SN8F5702 以及松瀚公司的无线射频芯片 BQ3905 构建一种小型但低成本、低能耗、适应性更好、维护性更好且更加安全的无线通信组网系统，为智能家居乃至小区规划、区域建设提供新思路。

8.4.1 实例介绍

本系统搭建在 433MHz 频率下。为了适应不同应用场景、兼顾网络节点的稳定性和覆盖区域，该系统使用了树形—星形混合拓扑，继承了树形拓扑的完整父子逻辑，并在此基础上建立设备结构层级，极大地提高了信息传递的精确度，在防止信号和能量冗余方面也有显著的效果。同时，该系统的特殊结构以及自动组网的特性使得设备节点的安装、检修十分方便，亦可广泛应用于工厂设备管理中。

本系统包括 SN8F5702 最小系统、射频系统、按键控制电路等。SN8F5702 最小系统通过 SPI 协议配置射频芯片内部寄存器，设置收发频率、功率、带宽等参数，并通过一个通用引脚的电平脉宽进行数据收发；按键控制电路能够读取用户的输入，并负责实现设备入网、节点扫描等用户级功能。

本系统选用的无线射频芯片具有 SPI 数字接口，只需要通过标准的 SPI 四线协议，就能够对芯片的寄存器进行配置，以 P1.4、P1.5、P1.6、P2.0 分别作为 SPI 控制线中的 MISO、SCLK、MOSI、SS 引脚，控制引脚的电平逻辑，即可实现标准 SPI 协议。同时，芯片有一个数据收发 I/O，在发射端，改变该 I/O 口的高电平脉宽能够控制芯片发出比特位为 1 或 0 的信号；而在接收端，通过判断该 I/O 口的高电平脉宽就能得知芯片接收的当前比特位为 1 或 0。所以，在系统建立组网前，只要对射频芯片参数进行配置，保证组网内所有设备的参数都互相匹配，就完成了系统的初始化。

组网系统中的每个设备都有自己的设备 id 号。在系统完成初始化后，主节点设备会发起一个组网请求，要求各个设备按照自己 id 号的顺序报告 id。各个设备报告 id 的过程也是组网建立的过程，组网系统内的设备会自动储存能够正确接收到数据包的设备 id，并根据接收到数据包的信号强度对它们进行排序。每隔一定时间，主节点都会发起一次组网请求，以发现组网内的节点变动。

8.4.2 系统设计

8.4.2.1 硬件设计

本系统以 SN8F5702 单片机和 BQ3905 射频芯片为核心，加上外围电源电路、复位电路、射频电路以及按键控制电路。系统框架如图 8-23 所示。

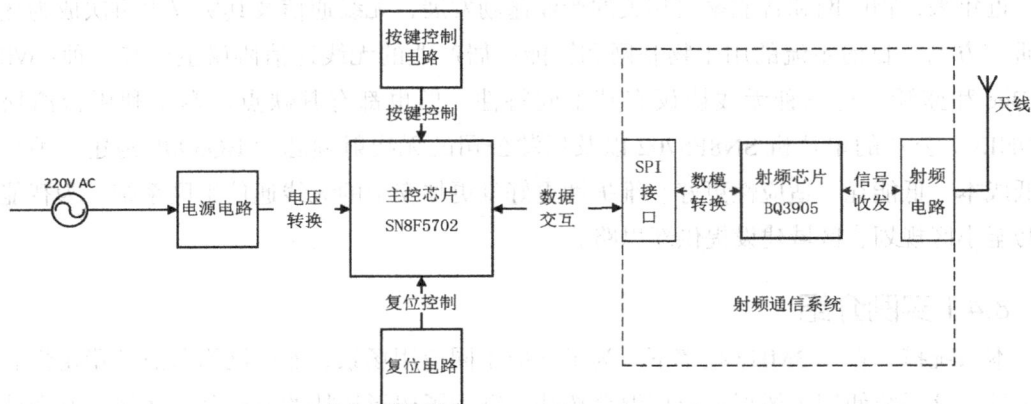

图8-23　系统框架图

系统采用的主控芯片 SN8F5702 是一款具有 8051 内核的、高性能、低功耗、低成本单片机芯片。它具有内部 32.768MHz 晶振频率，运行速度是普通 51 单片机的 12 倍以上。同时，它还具有休眠、待机等工作模式，能够很好地降低系统功耗。该芯片具有 256B 的内部可寻址 RAM 和 4KB 非易失性 ROM、6 个中断优先级、4 层中断嵌套中断、2 个 16位可编程定时计数器以及 2 个串口，完全满足本系统设计需要。将芯片的 P1.4、P1.5、P1.6、P2.0 分别作为 SPI 控制线中的 MISO、SCLK、MOSI、SS 引脚，P0.0 作为数据收发控制引脚，接到射频芯片的对应引脚上，即可实现对射频系统的控制。

系统的射频通信系统主要由 SPI 接口、射频芯片 BQ3905、射频电路构成。BQ3905 是一款工作在 1GHz 频段以下的半双工射频通信芯片，能够在 315MHz、433MHz、868MHz等多种频段下工作，具有低功耗、高性价比的优势。BQ3905 具有 SPI 数字通信接口，能够非常方便地与主控制器之间通信。射频电路负责系统的阻抗匹配，保证信号的发射强度，射频系统参考电路如图 8-24 所示。

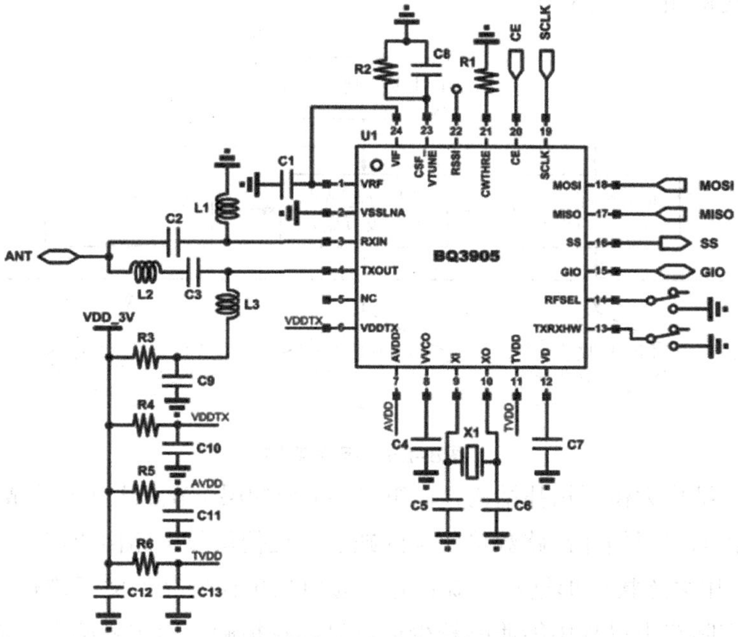

图8-24　射频系统参考电路图

8.4.2.2 软件设计

（1）寄存器配置。

在本系统中，设备间的通信频率为 868MHz；接下来确定设备间通信的速率、数据带宽、发射功率等参数，查阅数据手册并根据以上参数通过 SPI 对 BQ3905 芯片进行配置。本系统的通信速率为 10KHz，数据带宽为 3KHz，发射功率为 0，查阅数据手册，得到推荐寄存器，并通过 SPI 协议，将寄存器值写入芯片中，即完成射频系统的寄存器配置。

在完成了系统配置后，下一步需要进行组网，为了防止信道的冲突，本系统采用主机轮询的方式对从节点进行扫描。主节点率先发起一个组网命令，从节点依次报告自己的 id 号码，在 id 交互的过程中，系统中的每一个节点都能够收到其他节点的 id 号，并将它们保存在自己的连接表中。在所有节点报告完自身的 id 之后，从节点再向主节点报告自己的节点连接情况，最终完成组网过程。

（2）软件设计思路。

本系统的软件设计难点在于组网结构的建立。为了兼顾组网系统的覆盖度和数据包转达的精确度，本系统的网络设备分为主要控制节点、信号分配节点与信号接收节点三个类型，其等级依次降低。某一设备只能主动向同级或低级的设备发送组网请求，但能够被动接收高级设备的组网邀请。相比于普通的网状设备网络通过泛洪（即将信息发送给所有能连接到的节点）的方式进行数据传输，这样分类型的设备结构层次不仅能提高信息的传递效率，也能做到设备的"精确定点"，这在设备的安装、管理与维修方面都具有巨大的优势。本系统的组网架构如图8-25所示。

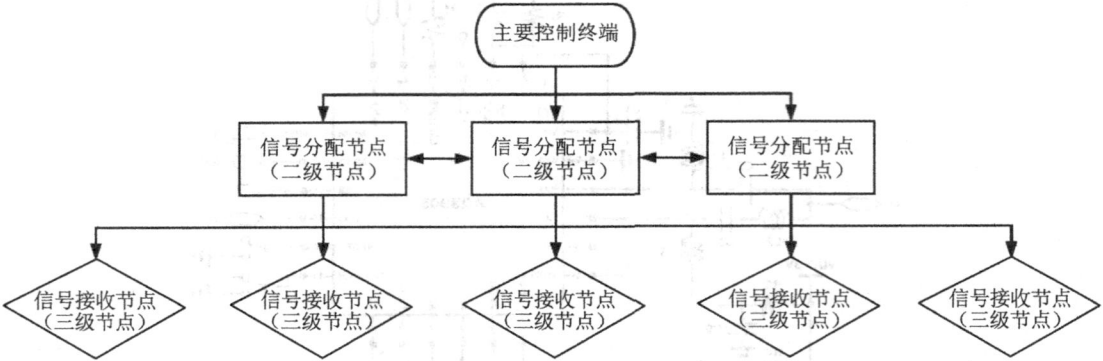

图8-25　组网架构

组网系统的结构为树形拓扑结构，而第二层（分配层）节点之间又构成星形拓扑结构，这不仅弥补了普通树形拓扑链路数量较少的缺点，也使得整个路由协议更加灵活。而第三层（接收层）采用多连接树形结构，既具有普通树状拓扑的完整父子逻辑，又不失星形拓扑的广度，在实际路由过程中能兼顾较少运算量和较精确路由规划两大方面，是控制成本与功耗的软件基础。本系统的组网协议深度为三层的层间通信协议。不同的节点按节点等级不同具有不同的功能。最底层的目标节点只具有接收、处理与上报数据的功能，是组网结构中的最末端节点；第二层的运输节点能够对信息进行转发，包括向上报、下达与同级传递三种转发方式，是组网协议中核心的信息传递层；第一层的控制节点是组网协议中等级最高的节点，其功能主要为下达建立组网消息、收集子节点信息等功能。

（1）报文格式。

本系统的组网协议以报文形式传递信息，一帧报文共15个字节，其格式如下。

[0] 头序列码　　　　[1] 下一跳地址高

[2] 下一跳地址低　　[3] 目标地址高

[4] 目标地址低　　　[5] 上一跳地址高

[6] 上一跳地址低　　[7] 目标地址高

[8] 目标地址低　　　[9] 数据描述符

[10] 数据声明符

[11] 数据位高　　　 [12] 数据位低

[13] 校验码　　　　 [14] 尾序列码

报文经过解析后得到的数据包格式如下。

16bit	目标地址
16bit	下一跳地址

16bit	上一跳地址
16bit	源地址
8bit	数据描述符
8bit	数据声明
16bit	数据

一帧报文中，头序列与尾序列用于报文的同步；上一跳、下一跳地址用于节点间的报文传递；源地址、目标地址用于报文的送达；数据申明与描述符用于数据类型的判断；校验码用于报文的校验，检验码的形式为报文第一到十二字节的无符号加法再取反。同时，为了限制报文转发深度，防止陷入"三角转发"的死循环，协议中还规定了同一报文的转发次数。当转发次数到达上限时，将该报文视为不可到达，即将其丢弃。

（2）组网构建。

组网的建立过程是设备间"呼叫"和"响应"的过程。三级组网协议的一个基本原则（以下称"基本原则"）是，每个设备的呼叫都只能被下级设备响应，而其本身只响应来自上级设备的呼叫。遵循"基本原则"的组网建立过程如下：各节点开机时自动发送入网请求，泛洪一次名称为"请报告你的设备 ID"的命令，附近设备接收到该命令时，分析呼叫节点与自身的层级关系，若符合"基本原则"发送"已报告的 ID"命令，双方在各自的连接表中注册，彼此建立通信。该组网的过程完全由入网节点自动完成，灵活性很高。在建立其网络连接之后，每个设备中都会存有一个网络拓扑结构记录表，其中记录了该节点与其他节点的连接情况。

（3）报文传递。

对于组网中的任意两个节点 A 与 B，其连接情况可分为三种：①直接相连——两个节点均在对方的"记录表"中完成注册。②间接相连——两个节点未在对方"记录表"中完成注册，但能够通过报文的转发机制进行通信。③不相连——两个节点之间无法建立或不应当建立连接关系，如两个三级节点间不应建立连接关系。两个直接或间接相连的节点，通过判断节点间的联系方式，报文传递也有不同形式。对于发送设备来说，在发送一帧数据给指定的目标节点前，发送方会先检索自己的连接表。若连接表中存在目标节点，则将目标地址直接设置为下一跳地址，不需转发；若连接表中不存在目标节点，则发送设备将目标地址存入源地址段，对连接表中设备地址进行一次排序，将下一跳地址设置为信号强度最大的地址，并置高转发位。对于接收设备来说，在接收到一帧数据时，会对转发位进行判断，若转发位为高，则视为该帧数据需要转发，以上述发送设备的方式对设备进行转发。无论接收的数据是否需要转发，接收设备都会将转发位重新置零，即，上一跳设备与下一跳设备之间对数据的处理进程都是独立的。

8.4.3部分程序代码及注释

```
/* 初始化 SPI IO 口 */
void Spi_IO_Init()
{
    P1M |= 0x18;
    P1M &= ~(0x04);
    P2M |= 0x01;
}
/* 通过 SPI 时序发送一帧数据 */
static void SPI_Send_dByte(uint8_t dByte)
{
    unsigned char i, j;

    for(i = 0; i< 8; i++) {
            for(j = 0; j <del_time; j++) {
                    while(4 == j) {
                            SPI_MOSI = dByte& 0x80;        //(((dByte<<i) & 0x80)?1:0);
//Send a bit to slave
                            dByte<<= 1;
                            break;
                    }
            }
            SPI_SCLK = 0;                                  //nege
            for(j = 0; j < (del_time + del_time); j++);
            SPI_SCLK = 1;                                  //pose

    }
}
/* 通过 SPI 时序接收一帧数据 */
static uint8_t SPI_Receive_dByte()
{
    uint8_t i = 0, j, k;
```

```
        for(j = 0; j < 8; j++) {
                SPI_SCLK = 0;                                           //nege
                for(k = 0; k < (del_time + del_time); k++);
                SPI_SCLK=1;                                             //pose
                for(k = 0; k <del_time; k++) {
                        while(k==4) {
                                if(SPI_MISO == 1)
                                        i = ((i<< 1) | 0x01);
                                else
                                        i = ((i<< 1) & 0xFE);
                                break;
                        }
                }
        }
        for(k=0;k<(del_time+del_time);k++){};
        return i;
}
/* 通过 SPI 时序写入寄存器 */
void SPI_Write_Reg(uint8_t addr,uint8_t dByte)
{
    uint8_t i;
    i=addr;
    SPI_SCLK = 0;                                           //SPI PIN reset
    SPI_MOSI = 1;
    addr = ((i<< 1) | 0x01);                                //set write command
    SPI_SS = 0;
    //enable SPI interface
    SPI_Send_dByte(addr);
    SPI_Send_dByte(dByte);                                  //Send write data
    for(i = 0; i< (del_time + del_time); i++);
    SPI_SCLK=0;                                             //last half eave
    for(i = 0; i< (del_time + del_time); i++);
    SPI_SS = 1;
```

```c
                //disable SPI interface
    SPI_MOSI = 1;
}
/* 通过 SPI 时序读取寄存器 */
uint8_t SPI_Read_Reg(uint8_t addr)
{
    uint8_t read_data = 0, i, j;
    SPI_SCLK = 0;                                   //SPI PIN reset
    SPI_MOSI = 1;
    i = (addr<< 1);                                 //set read command
    SPI_SS = 0;
    //enable SPI interface
    SPI_Send_dByte(addr);                           //send read command
    for(j = 0;j <del_time + del_time; j++);
    read_data = SPI_Receive_dByte();                //read byte data
    SPI_SCLK=0;
    for(i = 0; i< (del_time + del_time); i++);
    SPI_SS = 1;
    SPI_MOSI = 1;
    return read_data;
}
/***********************************************************/
/* 用于数据收发的延时函数 */
static void TRX_Delay(uint16_t time_10us)
{
    CNT_100US = 0;
    Tim1Start();                                    // 开启定时器
    while(CNT_100US < time_10us);                   // 等待定时器时间到达
    CNT_100US = 0;
    Tim1Stop();
    TH1 = 0xFF;
    TL1 = 0x20;
}
```

```c
void BQ3905_IO_Init()
{
    P0M |= 0x24;                                    //BQ3905_LED =P05/P02
    P0M |= 0x80;                        //BQ3905_CE              =P07
    P0M &= 0xFE;                        //BQ3905_TRXDATA         =P00
}
/*BQ3905 初始化函数 */
uint8_t BQ3905_Init(uint8_t mode)
{
    uint8_t addr;
    BQ3905_IO_Init();
    BQ3905_CE = 1;                     // 使能 BQ3905
    P0UR = 0xFF;
    BQ3905_LED = 0;
    SPI_Write_Reg(0x00, 0x20);         // 进入 sleep mode
    delayms(1);                        // 需要等待系统稳定
    SPI_Write_Reg(0x00, 0x2c);         // 进入 stand by mode
    delayms(1);
    if(SPI_Read_Reg(0x00) != 0x2c)     // 确定 BQ3905 是否正常工作
            return DEVICE_ERROR;       // 非正常工作，初始化失败，直接返回
    else {                             // 初始化成功，配置寄存器
            if(BQ3905_TxMode == mode)
                    SPI_Write_Reg(0x00, 0x39);
            else
                    SPI_Write_Reg(0x00, 0x28);
            for(addr = 1; addr< 22; addr++)
                    SPI_Write_Reg(addr, BQ3905_addrDatTBL[addr]);
            return DEVICE_READY;
    }
}
/**********************************************************/
/*BQ3905 装载数据函数 */
```

```
void BQ3905_Load_TxPacket(uint16_t dst_addr, uint8_t flow_control, uint8_t data_desc,
uint16_t tx_data)
{
    /* 按照数据帧格式装载一帧数据 */
    BQ3905_TxBuf[0] = 0xA5;
    BQ3905_TxBuf[1] = STATION_ADDR >> 8;
    BQ3905_TxBuf[2] = STATION_ADDR;
    BQ3905_TxBuf[3] = (DEVICE_ID << 3) | (uint8_t)(dst_addr>> 2);
    BQ3905_TxBuf[4] = ((dst_addr& 0x03) << 6) | flow_control;
    BQ3905_TxBuf[5] = data_desc;
    BQ3905_TxBuf[6] = tx_data;
    BQ3905_TxBuf[7] = ~(BQ3905_TxBuf[1] + BQ3905_TxBuf[2] + BQ3905_TxBuf[3] +
BQ3905_TxBuf[4] + BQ3905_TxBuf[5] + BQ3905_TxBuf[6] + 1);   // 计算数据校验和并装载
}
/*BQ3905 发送数据函数 */
void BQ3905_TxPacket(uint8_t send_bit, uint8_t send_times)
{
    uint8_t i = send_bit;
    uint8_t bit_index = 0;
    uint8_t byte_index = 0;
    BQ3905_TRXDATA=1;
    bit_index = BQ3905_TxBuf[0];
    while(send_times> 0) {
        BQ3905_TRXDATA = 1;                            // 先发送起始信号
        TRX_Delay(100);
        BQ3905_TRXDATA = 0;
        TRX_Delay(50);
        while(i> 0) {                                  // 逐位进行发送
            if(bit_index& 0x80) {
                BQ3905_TRXDATA = 1;
                TRX_Delay(18);
                BQ3905_TRXDATA = 0;
                TRX_Delay(6);
```

```
        }
        else {
                BQ3905_TRXDATA = 1;
                TRX_Delay(6);
                BQ3905_TRXDATA = 0;
                TRX_Delay(18);
        }
        i--;
        if(i == (i>> 3) << 3) {
                byte_index ++;
                bit_index = BQ3905_TxBuf[byte_index];
        }
        else
                bit_index<<= 1;
    }
    --send_times;
    i = send_bit;
  }
}
```

8.5 基于MQTT协议的无线光照强度采集系统设计

MQTT 是 "Message Queuing Telemetry Transport" 的简称，其中文名称为 "遥信消息队列传输"。MQTT 是一个基于 TCP 的发布订阅协议，其设计的初始目的是为了极有限的内存设备和网络带宽很低的网络不可靠的通信。在 "万物互联" 的浪潮下，许多低成本、低性能的终端设备也被要求接入物联通信网络中，而 MQTT 由于其极低的资源需求、丰富的应用场景接口和较高的可靠性，已然成为物联网通信的首选协议之一。

8.5.1 实例介绍

本节实现了一个无线光照强度采集系统。系统能够采集环境光照、将光照数据通过 MQTT 协议上传至服务器，并在手机 APP 上实现数据可视化。系统分为单片机终端、服务端、客户端三部分：单片机终端为 Microchip 公司的 ATMega4808 物联网开发套件，负责光照数据的采集、WiFi 连接以及光照信息上传；服务端为自主搭建的服务器，负责处理下位机上传的光照数据，并和上位机进行通信；客户端为用于光照数据可视化的手机APP，能够实时接收服务端下发的光照数据，并与用户进行交互。

设计思路：

一个物联网系统通常由上位机、服务端、下位机三个部分组成，三个部分在系统中负责不同的功能，但又互相联系，成为有机的统一体。在设计一个物联网系统时，要对这三部分单独进行设计，最后通过通信协议将各部分联系起来。

（1）下位机。

物联网系统的下位机通常为一个微控制系统，负责数据采集、逻辑控制等直接与环境交互、数据量较小的工作。在本系统中，微控制系统的核心为 ATMega4808 芯片，通过 A/D 转换接口对环境光照数据进行采集；此外，为了与服务端建立数据通信链路，微控制系统通常还需要一个有线或无线的通用数据收发模块。在本系统中，数据收发模块为Microchip 公司的 ATWINC1510 WiFi 通信模块。下位机系统组成如图 8-26 所示。

图8-26　下位机系统组成

（2）服务端。

物联网系统的服务端是系统的数据处理核心单元，负责数据汇总、处理、命令下达等。服务端可以是处理功能较强的处理器，可以是一台 PC，也可以是大型服务器。在设计服务端系统时，要预先估算服务端硬件的处理能力和系统的数据量，根据数据量大小选择合适的服务端硬件载体，以免出现性能不足或性能严重过剩的情况。

在确定服务端硬件载体之后，要确定服务端的功能。本系统中传输的数据主要为光照数据，服务端需要将下位机上报的光照数据处理为上位机能够使用的格式。此外，为了实现数据流的"中继"功能，服务端必须为数据的上下行提供相应的接口。在本系统中，对于下位机，服务端要提供与微控制器及数据传输模块连接的接口；对于上位机，服务端要提供与手机 APP 连接的接口。

（3）上位机。

物联网系统中的上位机通常是系统与用户交互的平台，起着数据可视化、下发控制命令等作用。由于上位机直接与用户交互，其开发要求不仅包括性能与可靠性等非功能性要求，还有界面设计、操作简便性等功能性要求。可以说，一个上位机应用的美观程度和可操作性是提升整个系统的用户体验的关键性因素之一。

本系统的上位机是一个 Android APP。手机 APP 端的开发分为两个部分，第一部分为MQTT 客户端的搭建，第二部分是图形用户界面（GUI）的搭建以及页面与页面之间的逻辑关系构建及通信的建立。进行 APP 开发可选的平台和集成开发环境（IDE）非常丰富，本系统上位机开发用到的开发工具是由谷歌公司开发的 Android Studio。

（4）通信协议。

通信协议是物联网系统各部分之间进行数据交互的纽带，通信协议的选择对于系统中信息交互的效率有重要的影响。物联网系统的数据交互分为有线和无线两种方式：有线方式的通信适合数据吞吐量较大、信息传输可靠性要求较高的场合，其缺陷也非常明显——架设与维护成本较高、通信距离受限等；与其相对应的无线通信方式则由于架设方便、组网灵活、成本低等优势，在物联网系统中越来越受到青睐，而无线通信方式的可靠性和效率，正是由通信协议保证的。

目前用于物联网设备的无线通信方式主要有：WiFi、蓝牙、ZigBee、Sub-G 等。各种无线通信方式都有各自的协议栈，由于其不同的特性而被用于不同领域。本章主要介绍基于 WiFi 通信方式的无线通信协议。

本系统主要采用 MQTT 协议进行数据交互。MQTT（Message Queuing Telemetry Transport，消息队列遥测传输协议），是一种基于发布 / 订阅（publish/subscribe）模式的"轻量级"通信协议，该协议构建于 TCP/IP 协议上，由 IBM 在 1999 年发布。MQTT 最大优点在于，可以以极少的代码和有限的带宽，为连接远程设备提供实时可靠的消息服务。作为一种低开销、低带宽占用的即时通信协议，使其在物联网、小型设备、移动应用等方面有较广泛的应用。MQTT 协议的结构如图 8-27 所示。

图8-27　MQTT协议结构

MQTT 协议的核心是"订阅"和"发布"。简单来说，终端设备在连接到 MQTT 服务器（MQTT Broker）后，只需要向服务器订阅某一个主题（Topic），MQTT 服务器就会自动将该主题的消息通过 TCP 协议实时转发给订阅的客户端。想象一下微信的公众号系统，用户订阅了某个微信公众号之后，如果该公众号有任何新的推送，立刻就会转达到用户处。MQTT 的工作方式也是如此，图 8-28 展示了基于 MQTT 协议的物联网系统的架构。

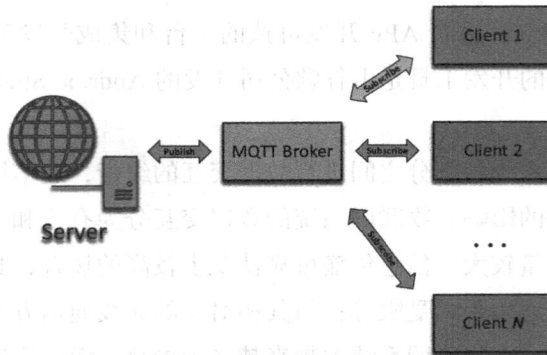

图8-28　基于MQTT协议的物联网系统架构

MQTT 协议以数据包为单位进行数据传递。在 MQTT 协议中，一个数据包由固定头（Fixed header）、可变头（Variable header）和消息体（payload）三部分构成。

8.5.2 系统设计

8.5.2.1 硬件设计

下位机系统基于 Microchip 公司的 AC164160 物联网开发套件进行开发，如图 8-29 所示。系统的主控单元为 ATmega4808 微控制器。ATmega4808 是一款八位的微处理器，具有 20MHz 的主频、48KB 的 Flash 存储器、6KB 的 SRAM 以及 256B 的 EEPROM 存储单元；片上搭载的 ATWINC1510 是一款高度集成的 WiFi 模块，具有内部时钟源、内部电源管理电路和板载天线，并对外提供 UART 和 SPI 接口，用户只需通过 UART 或 SPI 协议对模块进行简单配置，就能实现入网。此外，片上还搭载了光照传感器、温度传感器以及安全芯片、调试电路，几乎包含了物联网系统开发需要的所有基础模块。

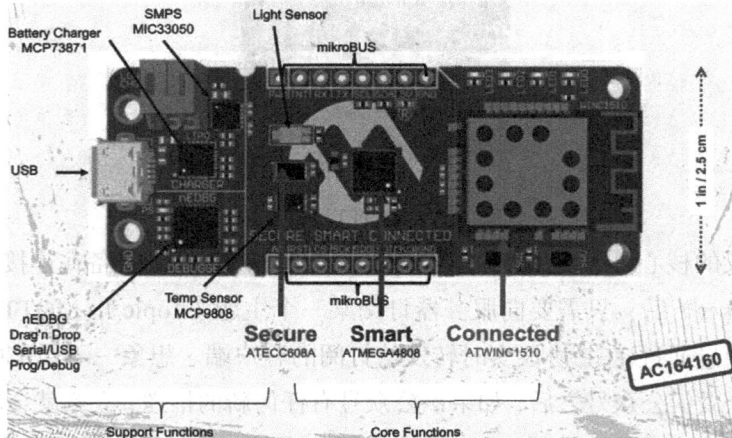

图8-29　AC164160物联网开发套件

其中，片上搭载的光照传感器是一个光敏电阻，其阻值会随着周围光照强度的变化而改变。利用 A/D 转换接口读取光敏电阻两端的电位，进行一定的换算，就能够得到当前的环境光照强度。

8.5.2.2 软件设计

本系统的软件主要由驱动程序、网络协议栈和应用程序三个部分组成。其中，驱动程序直接控制片上设备的工作，网络协议栈封装了 TCP 和 MQTT 协议相关的函数，应用程序是用户操作的接口。系统启动要经过以下三个步骤：

（1）完成片上硬件初始化。包括初始化系统时钟、配置中断向量、初始化 A/D 转换接口、初始化 SPI 通信接口等。

（2）搜索并连接到 WiFi 网络。

（3）通过 TCP Socket 建立与 MQTT 服务器的连接。

在最终建立了与 MQTT 服务器的连接后，系统就成功接入了服务端，可以开始数据交互了。为了通过 MQTT 协议实现数据上下行，下位机首先要订阅主题，本系统订阅的主题为 "/sensors/## 学号 /illumination"，其中 "## 学号" 为开发者的学号。完成订阅之后，下位机就可以向服务器上传数据了。系统在主循环中通过 A/D 转换采集光敏电阻引脚的电压值，转换为光照强度数据，并上报给服务器。系统的软件流程如图 8-30 所示。

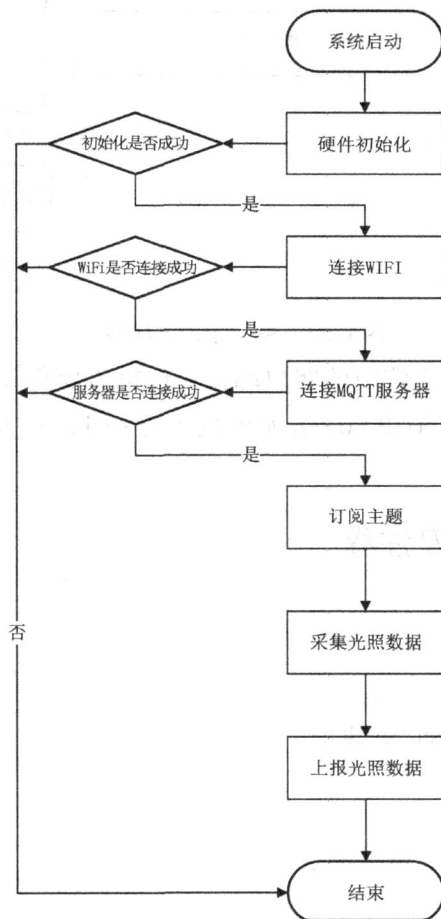

图8-30　软件流程图

MQTT 协议是基于 TCP/IP 协议栈的，本系统通过 TCP 套接字（Socket）实现下位机与服务器的 TCP 通信。Socket 是支持 TCP/IP 协议的网络通信基本操作单元，包含了进行网络通信所必需的五种信息，即：连接所使用的协议、本地主机 IP 地址、本地远程协议端口、远程主机 IP 地址以及远程连接进程协议端口。Socket 通信模型如图 8-31 所示。

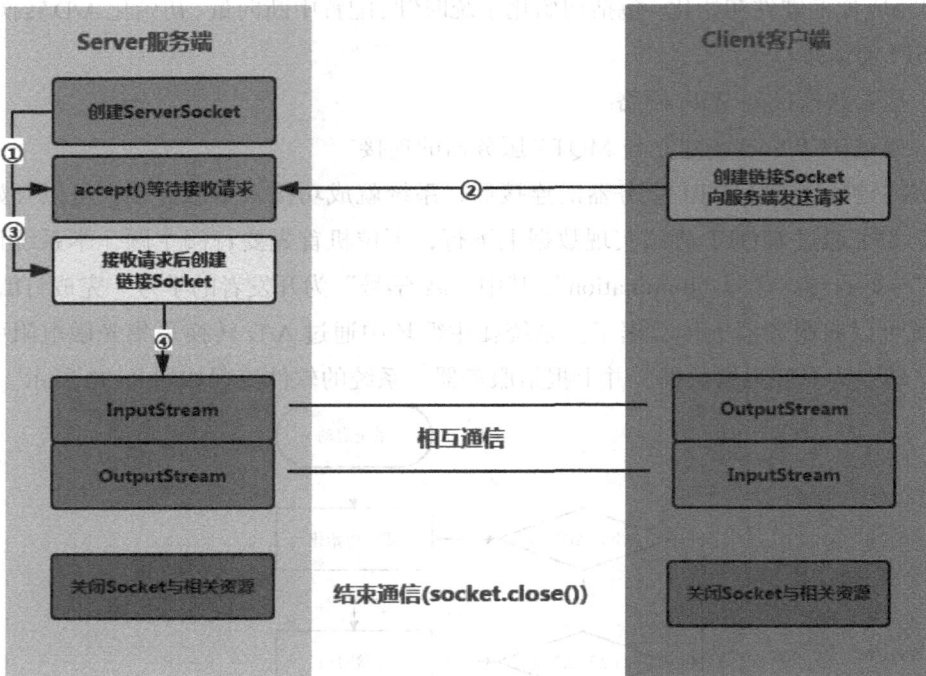

图8-31　Socket通信模型

可以看出，作为 Socket 通信中的客户端，下位机需要创建一个 Socket 并向服务端发送请求。本系统使用标准 TCP Socket 库函数中的 socket()、bind()、connect()、send()、recv() 等函数实现这一过程。

8.5.3 部分程序代码及注释

```
/* 硬件初始化 */
void bsp_init()
{
    uint8_t mode = SW0_get_level();
    wdt_disable();
    /* 初始化芯片 */
    atmel_start_init();
    CLI_init();
```

```
        CLI_setdeviceId(attDeviceID);
        debug_init(attDeviceID);
        /* 初始化中断 */
        ENABLE_INTERRUPTS();
        /* 初始化片上模块 */
        cryptoauthlib_init();
        if (cryptoDeviceInitialized == false) {
                debug_printError("APP: CryptoAuthInit failed");
        }
        /* 初始化 WiFi 模块 */
        wifi_init();
}

/* tcp socket 服务器连接函数 */
int socket_connect()
{

        int sockfd, new_fd;                    /* 定义 scocket 句柄和接受到连接后的句柄 */
        struct sockaddr_indest_addr;           /* 定义目标地址信息 */
        char buf[MAX_DATA];                    /* 储存接收数据 */

        sockfd=socket(AF_INET,SOCK_STREAM, 0);/* 建立 socket*/
        if(sockfd==-1) {
                printf("socket failed\n";
        }

        dest_addr.sin_family=AF_INET;
        dest_addr.sin_port=htons(DEST_PORT);
        dest_addr.sin_addr.s_addr=inet_addr(DEST_IP);
        memset(&(dest_addr.sin_zero), 0, 8);

        if(connect(sockfd,(struct sockaddr*)&dest_addr,sizeof(struct sockaddr))==-1) {
                printf("connect failed\n");
```

```
            }
    else {
            printf( "connect success" );
            return 0;
        }

    }

/* MQTT 服务器连接函数 */
void MQTT_CLIENT_connect(void)
{
    mqttConnectPacketcloudConnectPacket;

    memset(&cloudConnectPacket, 0, sizeof(mqttConnectPacket));

    cloudConnectPacket.connectVariableHeader.connectFlagsByte.All = 0x02;
    cloudConnectPacket.connectVariableHeader.keepAliveTimer = 10;
    cloudConnectPacket.clientID  = (uint8_t *)cid;
    cloudConnectPacket.password = (uint8_t *)mqttPassword;
    cloudConnectPacket.passwordLength = strlen(mqttPassword);
    cloudConnectPacket.username = NULL;
    cloudConnectPacket.usernameLength = 0;
    MQTT_CreateConnectPacket(&cloudConnectPacket);
}


/* MQTT 服务器发布函数 */
void MQTT_CLIENT_publish(uint8_t *data, uint16_tlen)
{
    mqttPublishPacketcloudPublishPacket;

    // 填充固定头
    cloudPublishPacket.publishHeaderFlags.duplicate = 0;
    cloudPublishPacket.publishHeaderFlags.qos = 0;
```

```
        cloudPublishPacket.publishHeaderFlags.retain = 0;

        // 填充可变头
        cloudPublishPacket.topic = (uint8_t *)mqttTopic;

        // 填充载荷
        cloudPublishPacket.payload = data;

        cloudPublishPacket.payloadLength = len;

        if (MQTT_CreatePublishPacket(&cloudPublishPacket) != true) {
                debug_printError( "MQTT: Connection lost PUBLISH failed" );
        }
}

/* 光照强度 AD 采集函数 */
int ADC_0_get_conversion(adc_0_channel_t channel)
{
    int res;
    /* 开始采集 */
    ADC_0_start_conversion(channel);
    /* 等待采集结束 */
    while (!ADC_0_is_conversion_done());
    res = ADC_0_get_conversion_result();
    ADC0.INTFLAGS |= ADC_RESRDY_bm;
    return res;
}
```

参考文献

［1］张晓乡 .89C51 单片机实用教程 [M]. 北京：电子工业出版社，2010.

［2］刘波文，刘向宇，黎胜容 .51 单片机 C 语言应用开发三位一体实战精讲 [M]. 北京：北京航空航天大学出版社，2011.

［3］刘波 .51 单片机应用开发典型范例：基于 Proteus 仿真 [M]. 北京：电子工业出版社，2014.

［4］廖义奎 .STM32F207 高性能网络型 MCU 嵌入式系统设计 [M]. 北京：北京航空航天大学出版社，2012.

［5］陈育斌 .PIC18F452 单片机原理及编程实践 [M]. 北京：人民邮电出版社，2016.

［6］陈龙，牛小燕，马学条，等 . 现代数字电子技术基础实践 [M]. 北京：机械工业出版社，2017.

［7］潘松，陈龙，黄继业 . 数字电子技术基础 [M].2 版 . 北京：科学出版社，2015.

［8］牛小燕，李芸 . 数字系统课程设计指导教程 [M]. 北京：电子工业出版社，2016.

［9］张珣，张钰 .PIC18 系列单片机原理及 C 语言开发 [M]. 北京：清华大学出版社，2012.

［10］张亚君，陈龙 . 数字电路与逻辑设计实验教程 [M]. 北京：机械工业出版社，2008.

［11］陈金鹰 .FPGA 技术及应用 [M]. 北京：机械工业出版社，2015.

［12］李莉，张磊，董秀则 .Altera FPGA 系统设计实用教程 [M]. 北京：清华大学出版社，2014.

［13］廉玉欣，侯博雅 .Vivado 入门与 FPGA 设计实例 [M]. 北京：电子工业出版社，2018.

［14］周润景，丁岩 . 单片机技术及应用 [M]. 北京：电子工业出版社，2017.

［15］沈红卫，任沙浦，朱敏杰，等 .STM32 单片机应用与全案例实践 [M]. 北京：电子工业出版社，2017.